Für Stanley

Insekten

Ein Feldführer für essbare Insekten

Stefan Gates

Originaltitel: Insects: An Edible Field Guide (Ebury Press, 2017)

Bibliografische Information der Deutschen Nationalbibliothek:

Die Deutsche Nationalbibliothek verzeichnet diese Publikation in der Deutschen Nationalbibliografie. Detaillierte bibliografische Daten sind im Internet über http://dnb.d-nb.de abrufbar.

Original: Insects: An Edible Field Guide (Ebury Press, 2017)
Autor: Stefan Gates (©2017)
Illustrationen: © Candela Riveros

Übersetzung: Christoph M. Werner
Auflage: 1. Auflage 2023
Umschlag: Christoph M. Werner
Verlag: conopolist Verlag
Christoph M. Werner
Stockweiherstr. 22
90455 Nürnberg
verlag@conopolist.de
Druck: CPI Druckdienstleistungen GmbH, Ferdinand-Jühlke-Str. 7, 99095 Erfurt
ISBN: 978-3-9823641-2-4

Zur besseren Lesbarkeit wird die vereinfachte männliche Form (generisches Maskulinum) verwendet. Alle Personenbezeichnungen gelten gleichberechtigt für alle Geschlechter. Die gewählte Sprachform hat ausschließlich redaktionelle Gründe und beinhaltet keine Wertung.

Inhaltsverzeichnis

Vorwort

Welche Insekten kann man essen? Diese Frage höre ich oft. Je nach Stimmungslage gebe ich eine der folgenden drei Antworten. Wenn ich meinen bahnbrechenden Humor unter Beweis stellen möchte, sage ich: Alle, aber manche halt nur einmal. Wenn ich aufgrund irgendwie gearteter Widrigkeiten im Leben mal wieder schlecht auf die Brüsselsche Regulierungswut zu sprechen bin, sage ich: Unzählige, aber hier in der Europäischen Union sind bislang lediglich Grillen, Heuschrecken, Mehlwürmer und Buffalowürmer als Lebensmittel zugelassen. Und wenn ich einfach nur ehrlich sein möchte, sage ich: Unzählige, aber ich kenne maximal zehn davon. Mit diesem Buch hat sich das nun schlagartig geändert.

Die angesichts der Ernährungsgewohnheiten hierzulande zunächst noch wichtigere Frage, die sich vielen stellt, ist allerdings: Warum sollte ich überhaupt Insekten essen? Auch wenn die Frage aus ernährungsphysiologischer Sicht eher „warum nicht?" lauten müsste. Je nach Art bringen es Speiseinsekten nämlich auf einen Eiweißgehalt von bis zu 60 Prozent. Zum Vergleich: Rindfleisch und Hähnchen kommen gerade mal auf rund 20 Prozent. Hinzu kommen überwiegend gesunde Fette und obendrein jede Menge Vitamine, Mineralstoffe und Ballaststoffe. Ganz nüchtern betrachtet sind Speiseinsekten also die weitaus bessere Proteinquelle. Übrigens auch nicht ganz nüchtern betrachtet – ich hab's ausprobiert.

Falls Sie zu denjenigen Menschen gehören, denen nicht nur Ihr eigenes Wohlergehen am Herzen liegt, sondern beispielsweise auch das Ihrer Kinder – das soll es ja auch heutzutage noch geben -, hätte ich noch ein Argument für Sie: den Klimawandel. Gerade Rinder sind als Emissionstreiber bekannt. Speiseinsekten verursachen einer Studie (De Vries, De Boer; 2010) gerade mal ein Zehntel dieser Emissionen. Und obendrein lassen sich Speiseinsekten ressourcenschonender aufziehen. Sie brauchen weniger Futter, weniger Wasser und weniger Platz.

Da die Frage nach dem „Warum" nun geklärt, ist möchte ich Ihnen nun zum Kauf (oder zur Not auch zur Leihe) dieses Buches gratulieren. Denn mal davon abgesehen, dass Sie jede Menge Wissenswertes für Ihren Einstieg in die Welt der Entomophagie erfahren werden und davon, dass der Autor ganz offensichtlich eine ordentliche Portion Humor besitzt, werden Sie auch die Protagonisten des Buches zum Schmunzeln bringen.

Mir hat es zum Beispiel ganz besonders der Fettarschameise angetan - Rückschlüsse auf etwaige private Vorlieben verbitte ich mir an dieser Stelle übrigens. Aber was für ein Name. Und einen exquisiten Geschmack sollen die Tierchen auch noch mitbringen. Was will man(n) mehr? Vielleicht noch einen Notfall-Penis, wie ihn die Ohrwürmer besitzen. Oder eine ähnliche Ausdauer wie eine bestimmte Gespenstschrecken-Art, die beim Geschlechtsakt anscheinend bis zu 136 Stunden durchhalten. Ja, richtig gelesen, liebe Herren der Schöpfung. Nicht 136 Sekunden, sondern Stunden!

Aber bevor Sie nun erröten, lassen Sie mich Ihnen noch einen Tipp mit auf den Weg geben, bevor Sie sich in Ihr entomophages Leseabenteuer stürzen: Nehmen Sie dieses Buch auf jeden Fall in den nächsten Urlaub mit. Man weiß ja nie, was einem so alles vor die Kauleiste hüpft, fliegt oder krabbelt...

Mit entomophagen Grüßen
Bastian Huber
Co-Founder von Protein Revolution

Einführung

Seien Sie gegrüßt, Abenteurer! Ich freue mich, dass Sie dieses bescheidene kleine Buch aufgeschlagen und den ersten Schritt auf Ihrem entomophagischen Abenteuer getan haben. Gleichzeitig bin ich mir auch bewusst, dass Sie vielleicht eine heftige unterbewusste Abneigung gegen unsere sechsbeinigen Freunde hegen. Es wird Sie nicht überraschen, dass ein Kleinkind in Nordthailand vor Freude aufschreit, wenn es eine Schüssel mit frisch gekochten Grillen vorgesetzt bekommt, während die meisten von uns mit dem Gedanken aufwachsen, dass Insekten eklige, unheimliche Krabbeltiere sind, die vor allem dazu da sind, uns zu erschrecken. Es wäre vermessen von mir, diese Gefühle abzutun, nicht zuletzt, weil sogar ich zugeben muss, dass gelegentlich ein gewisser Widerwillen in mir hochkommt, wenn ich ein neues, gruseliges Insekt vor mir sehe. Doch wie bei so vielen Abenteuern, die das Leben beflügeln, kann der Weg zur Weisheit herausfordernd sein, aber dafür dementsprechend erfreuliche Belohnungen bieten. Halten Sie also meine Hand fest im Griff und lassen Sie uns gemeinsam mit Freude im Herzen und einer speckigen kolumbianischen Ameise[1] zwischen den Zähnen zur gastronomischen Erleuchtung hüpfen! Als ich mich zum ersten Mal mit der Entomophagie beschäftigte, fehlte mir ein einfaches, übersichtliches Handbuch, das alle derzeit verfügbaren Informationsfragmente (von sehr unterschiedlicher Qualität) zusammenfasst. Es gibt eine Handvoll hervorragender Veröffentlichungen, insbesondere von der bewundernswert vorausschauenden Ernährungs- und Landwirtschaftsorganisation der Vereinten Nationen (FAO) – insgesamt ist das Thema in der aktuellen Literatur jedoch unterrepräsentiert, wahrscheinlich wegen der Abneigung in der westlichen Welt. Ich hoffe, dass das Buch, das Sie hier in Händen halten, diese Lücke schließt und Sie zu Ihrem eigenen Abenteuer führen wird.

[1] Gemeint ist hier die Art „Atta laevigata“, die in Südamerika wiederum „hormiga culona“ genannt wird, was sinngemäß übersetzt so viel wie „fettärschige Ameise“ („big-assed ant“). Vgl. auch das Kapitel im Bereich „Südamerika“. (Anm. d. Übers.)

Meine Top 10 Gerichte mit essbaren Insekten

Obwohl der Verzehr von Insekten in Europa noch in den Kinderschuhen steckt, gibt es rund um den Globus eine Fülle von Gerichten auf Insektenbasis. Kreuzen Sie hier die Gerichte an, die Sie schon probiert haben (und fügen Sie weitere hinzu, wenn Sie sie entdecken):

- ❑ 1. Roter Ameisensalat.
- ❑ 2. Chappulines.
- ❑ 3. Kolumbianische Fettarsch-Ameisen[1].
- ❑ 4. Grillen mit geräucherten Kräutern und Brühe.
- ❑ 5. Palmrüsselkäfer.
- ❑ 6. Bambusmaden.
- ❑ 7. Frisch frittierte kambodschanische Grashüpfer.
- ❑ 8. Mittagessen in der Pai-Grundschule: Grillen mit Pandan-Blättern gebraten.
- ❑ 9. Regenwurm-Rührbraten.
- ❑ 10. Londoner Rollassel-Salat.

Starten wir mit den Grundlagen: Was ist ein Insekt?

Das Wort "Insekt" kommt aus dem Lateinischen und bedeutet "in Teile geschnitten". Es gibt mehr als 1 Million beschriebene Insektenarten (wobei die Schätzungen der tatsächlichen Gesamtzahl zwischen 2,6 und 10 Millionen liegen) und sie alle haben bestimmte charakteristische Merkmale. Sie sind wirbellose Tiere (d. h. sie haben kein Rückgrat), die aus drei Hauptkörperteilen bestehen: Kopf, Thorax und Abdomen. Sie haben ein Chitin-Exoskelett (Chitin besteht aus einem langkettigen Polymerderivat von Glukose, und ein Exoskelett ist eine äußere Hülle, die das Insekt zusammenhält). Weitere gemeinsame Elemente sind drei Paar gelenkige Beine, zwei Fühler und Facettenaugen. Sie haben einen von zwei Lebenszyklen: die vollständige Metamorphose[2], bei der aus dem Ei eine Larve schlüpft, die sich dann verpuppt, oder die unvollständige Metamorphose[3], bei der sich die Nymphe kaum von der erwachsenen Form unterscheidet. Einige von ihnen entwickeln während der letzten Häutung (auch Imaginalhäutung genannt) Flügel, sofern die erwachsenen Tiere Flügel haben. Man schätzt, dass es auf der Erde 10 Quintillionen Insekten gibt (das sind 10.000.000.000.000.000.000).

Die Sache ist die, dass wir mehr Insekten essen müssen. Sehr viel mehr. Und um Ihnen die den Weg durch Ihren Verdauungskanal zu erleichtern, sollten wir vielleicht zunächst mit einigen ermutigenden Fakten starten:

- Insekten schmecken köstlich. Ich werde es beweisen. (siehe S. 11)
- Zwei Milliarden Menschen auf der Welt essen regelmäßig Insekten. (siehe S. 12)
- Sie essen bereits Insekten, auch wenn Sie es nicht wissen. (siehe S. 13)
- Kulinarische Abenteuer sind sowohl belebend als auch notwendig. Nehmen wir als Beispiel die Kartoffel. (siehe S. 14)
- Entomophagie könnte helfen, den Planeten zu retten. (siehe S. 22-23)
- Insekten sind sehr nahrhaft. (siehe S. 23)
- Sie schmecken wirklich köstlich.

[2] Sog. holometabole Insekten (Anm. d. Übers.)
[3] Sog. hemimetabole Insekten (Anm. d. Übers.)

Geschmack

Das weit verbreitete Missverständnis über Entomophagie (verbreitet durch bestimmte populäre Dschungel-Camp-Fernsehsendungen) ist, dass Insekten ein grausiges Nahrungsmittel sind, das roh, lebendig und zappelig gegessen wird. Die Realität sieht ganz anders aus. Nur sehr wenige Insekten werden roh verzehrt, da Köche auf der ganzen Welt clever sind und sowohl auf Hygiene als auch auf Geschmack achten. Durch das Kochen werden die meisten Bakterien, die sie möglicherweise in sich tragen, abgetötet, und auch die Wirksamkeit etwaiger Toxine, die sie enthalten könnten, wird in der Regel zerstört.

Noch spannender wird es aber, wenn wir uns ihr Geschmacksprofil ansehen: Insekten haben eine faszinierende Beschaffenheit, die sich aus zwei Gründen für eine komplexe Geschmacks-Chemie anbietet: Erstens haben sie einen sehr hohen Proteingehalt (13-77 % Anteil je nach Insektenordnung und Lebensstadium, womit Mehlwürmer und andere Raupen weitgehend mit Rindfleisch vergleichbar sind) und ein hervorragendes Aminosäureprofil. Zweitens haben sie ein gutes Verhältnis von Oberfläche zu Volumen. Diese beiden Elemente ermöglichen großartige Maillard-Reaktionen in einem umfangreichen Maßstab. Dabei handelt es sich um chemische Reaktionen (genauer gesagt um eine Kaskade nicht-enzymatischer Bräunungsreaktionen zwischen Aminosäuren und reduzierenden Zuckern, die bei Temperaturen zwischen 140 und 165 °C ablaufen), nach denen sich jeder Koch sehnt, da sie zu der bekannten Vollmundigkeit von gut durchgebratenen Speisen führt: die Fleischigkeit von gebratenen Steaks, der würziger Triumph eines gebratenen Hähnchens mit viel Umami und die einfache Röste von Toastbrot – all diese Geschmacksprofile sind das Ergebnis von Maillard- Reaktionen. Das Gleiche gilt für Insekten: Eine Handvoll frittierter Heuschrecken riecht und schmeckt oft überraschend fleischig, hat aber eine einzigartig knusprige Textur.

Ich habe die Insekten in diesem Buch mit auf eigener Erfahrung basierenden Geschmacksangaben versehen, wohlwissend, dass die Geschmacksprofile variabel und uneinheitlich sind. So wie ein wunderschön gegrillter Hähnchenflügel ganz anders schmeckt als ein mit Estragon pochiertes Hähnchen (Gott bewahre), habe ich frisch gebratene Wasserwanzen gegessen, die nach Pistazien schmeckten, aber auch andere, die muffig und nach aufsteigender Feuchtigkeit rochen.

Wie alle Lebensmittel können auch Insekten fantastisch oder furchtbar schmecken, was von einer Reihe von Faktoren abhängt, vor allem von der

Chemie, der Frische, der Kochkunst und der Qualität der Zutaten, mit denen sie zubereitet werden. Und ein bisschen Fachwissen kann auch nicht schaden.

Mein erster Bissen Mopane-Würmer war der Inbegriff von Staub (niemand hatte mir gesagt, dass Mopane-Würmer vor dem Verzehr rehydriert werden müssen), und wenn Sie neugierig genug sind, eine Packung gefriergetrockneter Insekten aus europäischer Produktion zu kaufen, sollten Sie bedenken, dass sie, ähnlich wie getrocknete Linsen, unendlich viel besser schmecken, wenn sie vor dem Verzehr in ein wenig würziger Brühe eingeweicht werden. Stellen Sie sich vor, Sie würden ein Stück Rinderfilet gefriertrocknen und dann versuchen, es zu genießen. Eine eher grauenhafte Vorstellung. Das Gefriertrocknungsverfahren ist sehr nützlich, da es sicherstellt, dass keine Krankheitserreger durch die Lebensmittel übertragen werden, und sie lange haltbar gemacht werden können. Aber rehydrieren Sie das gute Stück und fügen Sie etwas gutes Fett hinzu, und es wird sich in höchstem Maße auszahlen.

Im Großen und Ganzen sind die meisten vorgekochten Insekten, die auf Märkten und an Straßenständen gekauft werden, frittiert. Ernährungsphysiologisch ist das nicht so toll, aber für die schnelle Zubereitung, die Hygiene und den Geschmack ist es wunderbar. Natürlich gibt es auch einige wenige Insekten, die roh gegessen werden: Witchetty-Maden werden manchmal frisch und zappelnd gegessen, und eine meiner Lieblingsspeisen, rote Ameisen, werden roh, aber nicht lebendig gegessen. Aber das sind seltene Ausnahmen.

Zwei Milliarden Menschen essen Insekten

Sie befinden sich also in bester Gesellschaft.

Es ist selten, eine Kultur zu finden, in der Insekten die absolute Hauptproteinquelle sind, aber die Ernährungs- und Landwirtschaftsorganisation der Vereinten Nationen schätzt, dass etwa zwei Milliarden Menschen ihre Ernährung regelmäßig mit Entomophagie ergänzen, manchmal als Zwischenmahlzeit und manchmal als wichtige Nahrungsergänzung, aber niemals (meiner Erfahrung nach) als unliebsame, durch Armut verursachte Notwendigkeit. Im Gegenteil, Insekten werden meist teuer gekauft, sind teurer als die meisten anderen Fleischsorten und werden entweder als Leckerbissen verzehrt oder Gästen als große Ehre angeboten.

Weltweit sind über 1 900 Insektenarten als Nahrungsmittel bekannt, darunter Käfer, Raupen und Hymenoptera (Bienen, Wespen und Ameisen) an der Spitze. In diesem Buch werden etwas mehr als 70 Arten behandelt, vor allem weil es in kulinarischer Hinsicht viele Überschneidungen gibt, so dass es sinnvoll war, sich auf die Arten zu konzentrieren, über die man am ehesten stolpert. Ich muss auch zugeben, dass es sich bei einer Handvoll Arten (zum Ärger der Entomologen, wie ich vermute) eigentlich gar nicht um Insekten handelt, wie z. B. Spinnen (Spinnentiere, keine Insekten), Ringelwürmer (Stamm Annelida, keine Insekten) und Asseln (Krebstiere). Diese wurden trotzdem aufgenommen, da sie unter die Gruppe der Kreaturen fallen, die die meisten Menschen als "Krabbeltiere" bezeichnen (und sie sind verdammt lecker).

Sie essen bereits unwissentlich Insekten

Wenn Sie das nächste Mal im Supermarkt gekaufte Würstchen, rosafarbene Gummibonbons, rosafarbene Brausebonbons, Marshmallows oder überhaupt rosafarbene Lebensmittel essen, schauen Sie sich das Etikett genau an. Wenn dort "Cochenille", "E120" oder "Karmin" steht, dann essen Sie pulverisierte und verarbeitete Cochenilleschildläuse (Oder kurz Cochenille, Anm. d. Übers.). Diese ergeben einen wunderbar satten Farbstoff, und der Lebensmittelhersteller kann auf dem Etikett den Hinweis "Ohne künstliche Farbstoffe" verwenden. Die satte rote Farbe von Campari wurde zumindest bis 2006 aus Cochenille gewonnen, und der Farbstoff wird auch heute noch wegen seiner Farbtiefe und hervorragenden Stabilität häufig verwendet. Wenn Sie im Westen leben, ist es im Grunde unmöglich, nicht hin und wieder Cochenille zu essen.

Wenn man schon zerquetschte Schildläuse isst, warum dann nicht auch mehrfach erbrochene Insektenkotze? Oder wie es höflicher heißt: Honig. Jetzt geht's richtig los. Denn da ist noch die schiere Menge an Insekten und Insektenfragmenten, die unweigerlich ihren Weg in alle Lebensmittel finden, die im Freien angebaut werden; nicht nur in Salate, Gemüse, Tee und Kräuter, sondern auch in Getreide und die große Bandbreite an Lebensmitteln, die aus Getreide hergestellt werden: Nudeln, Brot, Kuchen, Gebäck (siehe S. 107).

Kulinarisches Abenteuer: prätentiöse Neophilie?

Eine ausgezeichnete Frage. Betrachten wir die Kartoffel.
Die Kartoffel kam einige Jahre nach der Entdeckung Amerikas durch Kolumbus nach Europa (und damit einige Jahre nach der Entdeckung durch die Wikinger und wiederum einige Jahre nach der Entdeckung durch die Einheimischen selbst, aber wir wollen uns nicht in ein postkoloniales Geplänkel verstricken). Sie wurde Ende des 16. Jahrhunderts von den Spaniern in der Alten Welt eingeführt und galt zunächst neben anderen wichtigen Nahrungsmitteln wie Chilis, Mais und Tomaten als eher gruselige Neuheit (ähnlich wie heute Insekten). Viele dieser importierten Lebensmittel wurden von der Aristokratie angebaut, sowohl als botanische Kuriositäten als auch als Zeichen des Reichtums, insbesondere während der Restaurationszeit und später. Auf der einen Seite war dies reine aristokratische Effekthascherei, auf der anderen Seite wurden damit aber auch Grundnahrungsmittel eingeführt, die Millionen von Menschen ernährten und - wie im Fall der Kartoffel - trotz des anfänglichen Widerwillens der Landwirte zu einem wichtigen Faktor für die Ernährung und das Bevölkerungswachstum wurden.

Ich gebe zu, dass Neuerungen für sich genommen nutzlos sind, aber ihre Auswirkungen können das Leben weltweit verbessern. Das Nachspiel der Kartoffelgeschichte kam 1845, als die kulinarische Neophilie verblasst war und ein Großteil Europas dieselbe Sorte anpflanzte, die anfällig für die Phytophthora-Krankheit (Kartoffelfäule)[4] war. In Westirland erlangte die Verwüstung, die sie anrichtete (und die von den Briten in vielerlei Hinsicht noch verschlimmert wurde) als die „Große Hungersnot“ (im englischen auch „Irish potato famine“ genannt (Anm. d. Übers)) traurige Berühmtheit. Sie löschte 1 Million Menschenleben aus und zwang eine weitere Million Menschen zur Auswanderung. Wir müssen unsere Lebensmittel und unsere Ernährungsgewohnheiten weiterentwickeln und anpassen, um die Bevölkerung unseres Planeten auf eine Weise zu ernähren, die die vorhandenen Ressourcen nicht übermäßig belastet.

Die Entomophagie könnte durchaus eine der großen Antworten auf die Ernährungsprobleme der Welt sein, und obwohl sie (zumindest im Westen) noch in den Kinderschuhen steckt, bietet sie sowohl in Bezug auf die Ernährung als auch auf die geringen ökologischen Auswirkungen enorme

[4] Es gibt zahlreiche Phytophthora-Arten, in diesem Fall ist „Phytophthora infestans“ gemeint.

Möglichkeiten. Solange wir das Potenzial dieser Lebensmittel jedoch nicht erforschen, werden wir es nie erfahren.

Die Wissenschaft der Entomologie

Ich kenne eine reizende, sanfte Entomologin namens Sally-Ann Spence (die, ehrlich gesagt, gar nicht so sanft ist), die mir bei diesem Buch sehr geholfen hat. Sie hat mich gebeten, Ihnen zu erklären, was sie tut. Entomologie ist das wissenschaftliche Studium der Insekten, und ein Entomologe ist eine Person, die sie studiert. Sie ist im Wesentlichen ein Zweig der Zoologie und kann sich auf verschiedene Aspekte wie ihr Sozialverhalten, ihre Interaktion mit dem Menschen und ihre Umwelt beziehen. Es ist eine faszinierende Wissenschaft, und man hat die Möglichkeit, sich mit wunderschönen Kreaturen zu beschäftigen. Sally-Ann zeigte mir einige aus Charles Darwins eigener Insektensammlung, die im prächtigen Oxford University Museum of Natural History aufbewahrt werden.

Entomologen sind oft nicht telefonisch zu erreichen, wenn man sie braucht, sondern sind an unverschämt schönen tropischen Orten zu finden, wo sie ein paar arme Coleoptera für ein Kennenlerngespräch aus einem Baum ziehen. Außerdem muss man über Entomologen wissen, dass sie zwar immer kluge und witzige Leute sind, aber oft ein wenig mürrisch darüber sind, wie viel Aufmerksamkeit und Ressourcen anderen Zweigen der Zoologie gewidmet werden, deren Biomasse zusammengenommen nur einen Bruchteil derjenigen der Insekten ausmacht. Insbesondere „verdammte Pandas und Eisbären". Und versuchen Sie nicht, mit ihnen über den relativen Grad der Niedlichkeit zu diskutieren - Entomologen haben einfach eine andere Wahrnehmung für diese Art von Dingen. Außerdem können Entomologen in den Garten gehen, um sich ein Bild von ihrem Lieblingsthema zu machen, im Gegensatz zu Eisbärenforschern, die sich warm einpacken und in den Norden fahren müssen. Entomologen haben einen sehr trockenen Sinn für Humor, und Sally-Ann ist sehr stolz auf die Tatsache, dass ihr Forschungsprojekt das Dung Beetle UK Mapping Project[5] ist, auch bekannt als DUMP.

[5] Das Projekt beschäftigte sich mit der Forschung, Förderung, und Erhaltung von Mistkäfern im Vereinigten Königreich.

Einschub des Autors: Meine Reise in die Welt der Entomophagie

Seit meiner Studienzeit zieht es mich zu kulinarischen Abenteuern, aber Insekten waren bis vor 16 Jahren nicht auf meinem Radar, bis ich das Buch *Why Not Eat Insects?* entdeckte. Es ist ein kleines Buch – fast schon ein Pamphlet - das 1885 von dem etwas schrägen viktorianischen Entomophagen Vincent Holt geschrieben wurde. Leider war Vincent als Koch nicht sehr erfolgreich, und sein Rezept für Schneckensuppe ist ein besonderer Tiefpunkt im kulinarischen Kanon. Aber sein Enthusiasmus ist ansteckend, und das Buch entfachte ein Feuer kulinarischer Wissbegierde, das mich dazu brachte, meinen ersten Londoner Rollassel-Cocktail zu kochen und *Gastronaut* zu schreiben, ein bis dato unveröffentlichtes Buch über seltsame und wunderbare Essensabenteuer.

Kurz nachdem dieses Buch aus verschiedenen seltsamen und wunderbaren Gründen veröffentlicht wurde, reiste ich um die Welt und drehte Fernsehsendungen über kulinarische Abenteuer mit ernstem Hintergrund, insbesondere *Cooking in the Danger Zone*, in denen ich Konflikte und extreme Armut durch das Prisma des Essens untersuchte. Das führte mich in das von Rebellen gehaltene Birma, wo wir von Katze, verfaultem Fisch und schließlich meinem ersten Teller Bambusmaden überlebten. So seltsam sie auch aussahen, der Geschmack war phänomenal - eine inulinähnliche Süße (vergleichbar mit Topinambur), kombiniert mit einem tiefen Umami-Reichtum durch ihren hohen Proteingehalt. Das waren keineswegs Arme-Leute-Essen - es war ein großer Genuss, der von meinem Gastgeber mit Anmut und Ernsthaftigkeit serviert wurde. Von diesem Moment an war ich ein überzeugter Entomophagist.

Wenn Ihre erste Erfahrung mit dem Verzehr von Insekten positiv ist, sieht es natürlich gut aus: Es handelt sich um ein Essen, das Ihren grundlegenden Sinn dafür in Frage stellt, was akzeptabel ist, was essbar ist und was nicht. Ein Essen, das Sie dazu bringt, über jeden Bissen nachzudenken, das elementare Angst und überwältigenden Geschmack verbindet. Ein Essen, bei dem man sich auf eine Weise lebendig fühlt, wie es ein Chicken Nugget nie bewirken könnte.

Ich hatte eine Glückssträhne: Es folgten hässlich-leckere Palmrüsselkäfer in Kamerun, bizarre, riesige kolumbianische Fettarsch-Ameisen, und ich erfreute mich an der Tatsache, dass sie sowohl Überwindung kostend als auch köstlich waren. Es hat etwas seltsam Erhebendes, einen latenten Ekel zu überwinden, um sein Mittagessen zu essen, vielleicht so, wie ein eiskalter

Winterlauf als Qual beginnt und in Ekstase endet. Oder geht das nur mir so? Wenn ich mich in ein kulinarisches Abenteuer stürze, wird meine Sinneswahrnehmung extrem angeregt, und der bloße Bissen wird unvergesslich und faszinierend.

Meine Faszination für Entomophagie ging unaufhaltsam in meine schriftstellerische und Fernseharbeit über, als ich sie in Dokumentarfilmen vorstellte und Kinder in Kindersendungen mit bemerkenswertem (und unerwartetem) Erfolg dazu brachte, Insekten zu essen. Kinder sind übrigens oft viel aufgeschlossener gegenüber dem Verzehr von Insekten als Erwachsene, aber es gilt einen entscheidenden Trick anzuwenden: Stellen Sie sicher, dass das erste Kind, dem Sie die Grille anbieten, das Alphakind des Rudels ist und (vorzugsweise), dass es Sie mit seinem Mut beeindrucken will. Wenn sie sich mit einer beängstigenden oder ungewöhnlichen Situation auseinandersetzen, sind Kinder sehr stammesorientiert und orientieren sich von oben nach unten an ihren Altersgenossen. Sagen Sie dem ersten Kind, wie mutig es ist, das Essen überhaupt in die Hand zu nehmen, und probieren Sie es zusammen mit ihm, um seine unglaubliche Unerschrockenheit zu feiern. Die Gleichaltrigen werden unweigerlich folgen. Zufälligerweise haben sowohl Daisy Gates (14) als auch Poppy Gates (12) eine klare Vorliebe für mexikanische Fliegeneier. Nicht wegen des Geschmacks - sie mögen einfach die Konsistenz.

Dann, im Jahr 2010, schien das Essen von Insekten plötzlich interessant zu werden. Zunächst überzeugte ich Richard Klein, den wunderbaren Leiter des schrulligen und informativen Fernsehsenders BBC4, eine Dokumentation mit dem Titel *Can Eating Insects Save the World?* zu drehen. Oh, welch ein glücklicher Tag. Zusammen mit meiner reizenden Produzentin Kari und Kameramann Nik machten wir uns auf den Weg nach Südostasien und probierten köstliche frittierte Heuschrecken, praktisch ungenießbare Riesenwasserwanzen, Grillen, Würmer, Vogelspinnen und bösartige, beißende rote Ameisen direkt vom Baum. Zur gleichen Zeit kamen Insektenlebensmittel auf den Markt, und die Presse brachte endlose Schreckensmeldungen über diese neuen Produkte. Es fühlte sich zwar nicht so an, als hätten wir die Schleusen der Entomophagie geöffnet, aber es schien, als hätten wir zumindest den Deckel der Dose gelockert.

Und was nun? Ich würde mir etwas vormachen, wenn ich behaupten würde, dass die Menschen die Entomophagie jetzt mit offenen Armen empfangen. Bisher besteht das Angebot mehrheitlich aus Spielereien und Nischenprodukten, aber zumindest ist das Thema jetzt bei der breiteren Masse angekommen und hat einen Platz in den Medien gefunden. Die nächste Etappe wird viel schwieriger sein: die Verwandlung von Gimmicks in

Leckerbissen in größerem Umfang. Im Großen und Ganzen teilt mein westlicher Mitbürger ganz sicher nicht das Prickeln, das ich bei kulinarischen Abenteuern empfinde. Im Gegenteil, sie greifen auf das Typische zurück, sind neophob, halten kulinarische Abenteuer für prätentiös und unnötig und geben sich mit dem Irrglauben zufrieden, dass „traditionell immer am besten ist". Meine Arbeit geht weiter, und so muss ich auf das aufgeklärte Eigeninteresse der Menschheit und ihr Bedürfnis, sich effizienter zu ernähren, vertrauen - und die Daumen drücken, dass das Kartoffelparadigma auch 500 Jahre später noch aktuell ist!

Die Gefahren der Entomophagie

1. Essen Sie keine Gliederfüßer wie Insekten, Spinnen und Asseln, wenn Sie allergisch auf Schalentiere, Schokolade oder Hausstaub reagieren. Wie bei vielen eiweißhaltigen Lebensmitteln wird auch bei einigen Gliederfüßern vermutet, dass sie allergische Reaktionen auslösen, und für Allergiker ist es wahrscheinlich am besten, auf Nummer sicher zu gehen, dieses Abenteuer zu lassen und stattdessen einen Berg zu besteigen. Es ist nicht klar, was die Auslöser sind, aber man vermutet, dass die Polysaccharidkonzentration in den Chitinpanzern der Insekten ähnlich hoch ist wie bei Krabben, Garnelen und Hummern (das ist kompliziert, denn Chitin kann das Immunsystem in bestimmten Mengen tatsächlich auch unterstützen). Es kann auch die Aufnahme von Kalzium blockieren. Wenn Sie allergisch auf Bienen- oder Wespenstiche reagieren, sollten Sie auch deren Larven oder Puppen nicht verzehren. Sie können auch Pollen enthalten, so dass alle, die unter starkem Heuschnupfen leiden, die Finger davon lassen sollten.

2. Seien Sie nicht leichtsinnig. Ich gebe zu, dass ich in der Vergangenheit gedankenlos einige lächerlich gefährliche Tiere gegessen habe, zum Teil, weil ich ein rücksichtsloser, gieriger Neophiler bin, und zum Teil, weil mich Leute dazu aufgefordert haben. Diese Leute fallen in zwei Lager: 1. Leute, die eine Fernsehkamera auf mich richten. 2. Meine Töchter Daisy und Poppy, die mich immer wieder herausfordern, jede Spinne oder Fliege zu essen, die gerade vorbeikommt. Es ist wirklich erbärmlich: Ich habe es immer als unmöglich empfunden, einer Mutprobe auszuweichen. Bisher habe ich Glück gehabt, und mein Immunsystem mag durch die Auseinandersetzung mit einigen der schmutzigsten und widerlichsten Lebensmittel der Welt gestärkt worden sein, aber Sie müssen sich nicht in ähnlicher Weise erniedrigen.

Wenn es bösartig, stachelig, krank oder eindeutig wie vom Beelzebub persönlich entworfen aussieht, essen Sie es nicht, ohne dieses Buch zu konsultieren und einen Einheimischen zu fragen, der es schon einmal gegessen hat. Hier sind einige besondere Gefahren:

- Insekten mit *aposematischer Färbung* (frei definiert als "gruselig aussehend, um ihre Ungenießbarkeit zu verkünden") können durchaus bitter schmeckende Substanzen enthalten und sollten vermieden werden. Dazu gehören Marienkäfer, Bärenspinner[6] und Raupen des Jakobskrautbären[7] (diese ernährt sich hauptsächlich vom Jakobs-Greiskraut und wird durch die Einlagerung dessen Giftes selber giftig).
- Mimikry, bei der ein harmloses Insekt ein anderes nachahmt. Viele Schwebfliegenarten imitieren zum Beispiel Wespen. Wenn Sie unsicher sind, vermeiden Sie es immer.
- Falsche Schwarze Witwen sind dafür bekannt, dass sie schmerzhafte Bisse verursachen. Wespen, Bienen, Hornissen und Ameisen sind in der Lage, schmerzhafte Stiche bzw. Bisse zu verursachen. Die Stiche an sich sind zwar nicht tödlich, aber es kann zu einer allergischen Reaktion auf das Gift kommen, die zu einem anaphylaktischen Schock führt - und das kann sehr wohl tödlich sein.
- Zecken können Borreliose übertragen und haarige Raupen sollten generell gemieden werden - insbesondere die Raupe des Eichenprozessionsspinners, die schwere Hautausschläge verursachen kann.
- Zu den wirbellosen Tieren, die als "Beißer" gelten, gehören Bettwanzen, Bremsen, Mücken, Gnitzen, Flöhe, Kopf- und Schamläuse und Stechmücken. Seien Sie vorsichtig mit ihnen. Vor allem bei den Schamläusen.

3. Lassen Sie sich immer vor Ort beraten. Die Arten unterscheiden sich von Region zu Region, wobei einige unbedenklich und andere möglicherweise giftig sind. Sie müssen sich beraten lassen. Die Einheimischen sollten wissen, ob in der Gegend Pestizide und Herbizide eingesetzt wurden, die Ihr Mittagessen möglicherweise ebenfalls giftig machen.

---

[6] Im Englischen „Tiger Moth“ (Anm. d. Übers.)
[7] Eine Schmetterlingsart (Anm. d. Übers.)

4. Keime bekämpfen. Insekten können, wie alle Lebensmittel, Mikroorganismen beherbergen, von Bakterien bis hin zu winzigen Pilzen. Die richtige Handhabung und Zubereitung sind entscheidend, um potenzielle Krankheitserreger loszuwerden. Einige Insekten können im Ganzen gegessen werden, andere, wie der Mopane-Wurm, der in ganz Afrika gegessen wird, müssen ausgeweidet werden: Man drückt sie einfach kräftig zusammen, so dass ihre Eingeweide herausspritzen. Das scheint gut zu funktionieren. Es versteht sich von selbst, dass Ihre Insekten genauso gründlich gekocht werden sollten wie jedes andere Fleischprodukt, um sicherzustellen, dass sie frei von Krankheitserregern sind. Verunreinigungen durch Mikroorganismen in ordnungsgemäß getrockneten Insekten sollten für den Verbraucher kein Problem darstellen. Die im Vereinigten Königreich im Handel erhältlichen Insekten werden meist gefriergetrocknet, nachdem sie einen Tag lang keine Nahrung mehr bekommen haben[8], was sie als Lebensmittel sicher macht, um anschließend kühl und trocken gelagert zu werden. Alternativ dazu scheint das Einlegen von Insekten in Konservierungsmittel gut zu funktionieren (ähnlich wie man Apfelscheiben in Zitronensäure einlegt, damit sie nicht braun werden).

5. Vorsicht vor Giftstoffen. Einige Insektenarten sind natürlich für den Menschen gefährlich, wenn sie lebendig sind, ebenso wie andere Gliederfüßer wie Vogelspinnen und Skorpione. Die meisten Gifte werden durch Kochen neutralisiert, aber Sie sollten sich vor Ort beraten lassen. Einige Raupen haben giftige Stacheln, die abgebrannt werden müssen, bevor sie unbedenklich gegessen werden können, und die australische Bogong-Motte ist eigentlich nicht giftig, aber Tests der Ausscheidungen, die große Gruppen auf dem Höhlenboden hinterlassen, haben große Mengen an Arsen ergeben, dass möglicherweise von Pestiziden stammt. Der Verzehr sollte also in Maßen erfolgen. Studien haben gezeigt, dass Insekten, die auf Feldern gefangen werden, viel häufiger Pestizide oder Schwermetalle enthalten als solche, die in dichten Wäldern gefangen werden.

6. Erstickung und andere Gefahren. Wenn Sie gekochte mexikanische Chapulines oder thailändische Grashüpfer kaufen, fragen Sie sich vielleicht: „Wo sind denn bloß die großen Grashüpferbeine?“ Gute Frage. Sie wurden zu Ihrer Sicherheit entfernt. Viele Heuschreckenarten haben Beine mit

[8] Dadurch sind die Ausscheidungsorgane der Insekten entleert, so dass keine entsprechenden Rückstände mehr in den Insekten enthalten sind (Anm. d. Übers.)

kleinen, nach hinten gerichteten Widerhaken (ähnlich wie ein Pfeil), die mit Stacheln bedeckt sind, die sich im Hals verfangen können und eine echte Erstickungsgefahr darstellen. Es ist sogar möglich, dass sie in Ihrem Darm stecken bleiben, was zu Verstopfung führen kann, und operative entfernt werden müssen. Entfernen Sie sie vor dem Essen.

7. Seien Sie rücksichtsvoll zur Umwelt und zu sich selbst. Das Sammeln von Insekten macht großen Spaß, aber seien Sie inmitten all der wilden Tiere vorsichtig, denn die Wanderung durch Tarantula-verseuchte Felder, Wespen-getränkte Wälder und schlangenverseuchte Badlands ist nichts für schwache Nerven. Seien Sie sich der Risiken der Natur bewusst, wo auch immer Sie sind, tragen Sie knöchelhohe Stiefel und angemessene Kleidung, nehmen Sie einen sachkundigen Führer mit und hören Sie auf ihn. Und seien Sie freundlich zu den anderen Bewohnern Ihres Jagdgebiets: Vögel, Säugetiere und Pflanzen. Fällen Sie keine Bäume, um an ein Nest zu gelangen, und vergewissern Sie sich, dass Ihre Beute nicht auf der CITES-Liste[9] steht oder lokal gefährdet ist. Gelegentlich gibt es auch Fälle von Übererntung - vor allem in Gebieten, in denen das Sammeln von Insekten große Gewinne abwirft, wie bei Mopane-Würmern und einigen Vogelspinnen. Bei der Entomophagie geht es darum, die ökologische Belastung, die mit der Befriedigung unserer Nahrungsbedürfnisse verbunden ist, zu verteilen, anstatt neue Belastungen zu verursachen. Achten Sie bei der Nahrungssuche darauf, wo Sie sich aufhalten: Vermeiden Sie Gebiete, in denen Pestizide ausgebracht wurden, und meiden Sie Naturschutzgebiete und SSSIs (Sites of Special Scientific Interest) usw. In bestimmten Gebieten müssen Sie möglicherweise eine Sammellizenz erwerben, und wenn das Land, auf dem Sie sammeln, nicht eindeutig der Öffentlichkeit zugänglich ist, sollten Sie immer die Erlaubnis des Landbesitzers einholen.

Vorteile des Insektenessens

Die ökologischen Auswirkungen der Entomophagie sind äußerst interessant. Wenn wir zumindest einen Teil unseres Proteinkonsums aus Insekten beziehen würden, könnten wir den Druck auf die Umwelt aus mehreren

[9] Übereinkommen über den internationalen Handel mit gefährdeten freilebenden Tieren und Pflanzen (Convention on International Trade in Endangered Species of Wild Fauna and Flora - CITES) oder auch „Washingtoner Artenschutzabkommen“ (Anm. d. Übers.)

Gründen erheblich mindern. Die Statistiken in diesem Bereich sind etwas lückenhaft und schwer zu vergleichen, aber es gibt ein klares Muster:

1. **Futtermittel.** Insekten sind sehr effizient im Umgang mit den Ressourcen des Planeten. Die globale Viehzucht nimmt einen großen Teil des weltweiten Getreideangebots vom Markt, um es als Futtermittel zu verwenden, und die beliebtesten Fleischsorten sind im Vergleich zu Insekten relativ verschwenderisch. Grillen hingegen wandeln Nahrung sehr effizient in Eiweiß um: Man braucht nur 1,7 kg Futter, um 1 kg lebende Grillen zu produzieren (und die ganze Grille ist essbar), und dieses Futter ist oft Abfall. Um Eiweiß zu produzieren, benötigen Insekten nur halb so viel Futter wie Hühner und Schweine, viermal weniger als Schafe und satte 12- mal weniger als Rinder.
2. **Treibhausgas- und Ammoniakemissionen.** Insekten sind vergleichsweise umweltfreundlich. Die Viehwirtschaft produziert jedes Jahr 7,1 Gigatonnen CO2-Äquivalente – das sind 14 % aller anthropogenen Emissionen –, aber sie produziert auch 44 % aller anthropogenen Methanemissionen (und Methan ist ein besonders starkes Treibhausgas). Das liegt zum Teil daran, dass Kühe Wiederkäuer sind, die bei der Fermentierung von Nahrung mit Hilfe von Pansenbakterien jeden Tag etwa 600 Liter Gas produzieren, von denen etwa 30 Liter Methan sind. Multipliziert man das mit der Lebenszeit einer durchschnittlichen Kuh, kommt man auf 16.500- 21.000 Liter Methan *pro Kuh*. Das ist eine ganze Menge Methan. Die Treibhausgasemissionen von Mehlwürmern, Grillen und Heuschrecken sind im Vergleich zur Rind- und Schweinefleischproduktion um den Faktor 100 geringer, und nur sehr wenige Insekten produzieren überhaupt Methan (Ausnahmen sind Schaben und Termiten). Auch die Ammoniakproduktion ist bei Insekten viel geringer als bei Schweinen, die pro Kilo Gewichtszunahme etwa zehnmal so viel produzieren.
3. **Wasser (und Land).** Die Wassernutzung wird zu einem entscheidenden Thema, da der Klimawandel die Landwirtschaft beeinträchtigt. Die Wasserknappheit führt in vielen Gebieten bereits zu Konflikten, ebenso wie die Verfügbarkeit von Ackerland, während 70% aller landwirtschaftlich genutzten Flächen für die Viehzucht verwendet werden. Dies führt zu enormen Belastungen für Mensch und Umwelt, da die Landnutzung und das entnommene Wasser (für den Anbau des Getreides, das dann an die Tiere verfüttert wird)

zu einer so hohen Konzentration des indirekten (oder „virtuellen“) Wasserverbrauchs[10] führt, dass für die Erzeugung von 1 kg Rindfleisch 22.000 Liter Wasser benötigt werden. Es gibt nur wenige Statistiken über den Wasser- und Landverbrauch in der Insektenzucht, aber es scheint kaum Zweifel daran zu geben, dass Insekten aufgrund des geringeren Verhältnisses von Futtermitteln zu Proteinen eine weitaus effizientere Proteinquelle darstellen und der damit verbundene Landverbrauch sehr viel geringer ist.

Ernährungsphysiologische Vorteile

Insekten stehen schon seit vielen Jahren auf dem Speiseplan und tragen erfolgreich zu einer ausgewogenen Ernährung bei, aber die Informationen über den Nährwert beginnen gerade erst zu entstehen. Da es sich um einen neuen Bereich der Ernährungsforschung handelt, sind die Daten noch dünn gesät, Folgendes ist bekannt:

- Im Allgemeinen haben Insekten einen sehr hohen Proteingehalt, und viele Produkte mit Insektenproteinen beginnen in den Regalen aufzutauchen, darunter Energieriegel und Produkte, die für Kraftsportler angeboten werden.
- Insekten sind auch eine hervorragende Fettquelle, einschließlich essenzieller Fettsäuren wie der Omega-Fettsäuren (die man eher in bestimmten Fischarten findet), die für eine Vielzahl von Organen, vom Gehirn bis zu den Knochen, von Bedeutung sind.
- Insekten sind außerdem reich an Mikronährstoffen (Mineralien, Vitaminen und dergleichen) sowie eine ergiebige Quelle für Eisen, Zink, Kalium, Magnesium und Natrium, die für eine gesunde Ernährung unerlässlich sind.

---

[10] Gemeint ist der gesamte Wasserverbrauch in der Wertschöpfungskette, also beispielsweise auch der zur Bewässerung der Futteranbauflächen oder weiterführender Produktionsschritte (Anm. d. Übers.)

Vorteile für Landwirte und Insektenjäger

Zwischen den Insektenjägern und den Landwirten, die ihre Felder bewirtschaften, besteht eine klare Wechselbeziehung. Wenn ein Team von Heuschreckenjägern ihre Felder von den hungrigen kleinen Kerlen befreit, wird die Menge ihrer aufgefressenen Pflanzen kurzfristig sinken, und das kann nur gut für ihre Reisernte sein. Die Auswirkung auf die Gesamtbiomasse wird aufgrund der schieren Anzahl der kleinen Biester unbedeutend sein, und die Jäger werden die große Mehrheit der Insekten unter dem Grün zurücklassen. Aber es ist besser als nichts.

Die Insektenzucht hingegen ist ein aufblühender neuer Wirtschaftszweig und bietet Möglichkeiten für all jene, die kein Ackerland haben, auf dem sie eine schöne große Kuh weiden lassen können. In Thailand gibt es rund 20.000 Grillenfarmen, und auch in Nordamerika und Europa entstehen immer mehr kleine Insektenfarmen. Insektenfarmen decken seit langem den Bedarf an Reptilien- und Vogelfutter für Haustiere, und es ist nur ein kleiner Schritt, diese auf die Produktion von Lebensmitteln für Menschen umzustellen. Einer der vielen Vorteile von Insekten ist, dass sie sehr klein und recht einfach zu halten sind, da sie die Nähe zueinander mögen. Im Vergleich zu größeren Säugetieren brauchen sie nicht viel zu fressen, da sie ihre Nahrung sehr effizient verstoffwechseln (warmblütige Säugetiere verschwenden eine ganze Menge für der Wärmeerzeugung). Sie sind leicht zu transportieren, vermehren sich wie die Wilden und fressen oft Abfallstoffe wie Weizenspreu. Ein Problem bei der groß angelegten Insektenzucht ist das Risiko eines katastrophalen Zusammenbruchs der Populationen, oft ohne ersichtlichen Grund, so dass viel getan werden muss, um die Industrie zu unterstützen.

Die Futtersuche ist oft eine wichtige Einkommensquelle für die Menschen in armen ländlichen Gebieten. Im gesamten südlichen Afrika sammeln Frauen und Kinder traditionell den Mopanewurm, und obwohl die meisten Insekten für den Eigenbedarf gesammelt werden, verkaufen Frauen sie oft zu einem guten Preis auf lokalen Märkten. Im Westen werden essbare Insekten immer noch hauptsächlich als Neuheit verkauft - mit Schokolade überzogene Heuschrecken, Skorpione in Lutschern und dergleichen mehr. Daher bleiben die Preise hoch und werden es auch bleiben, bis die Nachfrage steigt.

Die Zukunft

Glaube ich also, dass sich die Menschen alle auf Mehlwurm-Bolognese und Grillen-Nudeln stürzen werden? Wird Oma nächstes Weihnachten Heuschreckenkuchen verschlingen?

Nein, noch nicht.

Zukunftsforschung ist ein Spiel für Dummköpfe, aber es ist ein Spiel, das dieser spezielle Dummkopf zu spielen bereit ist, also los geht's: Ich glaube, dass die Entomophagie mehrere Stränge bilden wird. In den kommenden Jahren wird das Sammeln von Insekten in Nordamerika und Europa immer beliebter werden, so wie wir auch die Freude am Pilzesammeln und an der Zubereitung von Speisen aus Sträuchern wiederentdeckt haben. Sie wird in kleinem Rahmen stattfinden, aber von grundlegender Bedeutung sein, da sie die Diskussion anheizen wird.

In den letzten Jahren hat sich eine kleine, aber erfolgreiche Industrie entwickelt, die alles Mögliche herstellt, vom lustigen Halloween-Party-Essen bis hin zu Insektenproteinriegeln und mit Grillenmehl angereicherten Nudeln. Gastronomen und Lebensmittelentwickler experimentieren mit Insekten, stellen Snacks und Kostproben her, verarbeiten sie zu fantastischen Gerichten und ernten für ihre Mühen eine erfreuliche Anzahl von Kommentaren. Es ist eine Welle der Faszination, auf der viele engagierte und talentierte Menschen reiten, in der Hoffnung, dass sich daraus ein echter Wirtschaftszweig entwickelt, der über nennenswerte Größe und Nachfrage verfügt, bevor das Geld ausgeht.

Ich bin zwar zuversichtlich, dass der große Wandel, nach dem sie sich sehnen, bald eintreten wird, aber ich rechne damit, dass der wirklich große Wandel erst in 20 Jahren eintritt, wenn die Menschen anfangen, in großem Umfang Insekten zu essen. Das wird wahrscheinlich dann der Fall sein, wenn der ökologische Druck die traditionellen Proteine zu teuer macht oder wenn die Menschen endlich erkennen, dass sie die Art und Weise, wie sie die Ressourcen des Planeten verbrauchen, ändern müssen oder eine Katastrophe riskieren. Und dann könnte die groß angelegte Grillen- und Mehlwurmzucht (nicht das Insektensammeln) die Lücke füllen und Proteine produzieren, die zu Burgern, Würstchen und Nudelsoßen verarbeitet werden. Aber natürlich werden diese Burger und Würstchen nicht mit einem Foto eines Insekts auf der Verpackung vermarktet werden. Genauso wie auf der

Verpackung von Quorn nicht erwähnt wird, dass es aus Pilzen[11] hergestellt wird, werden die Mehlwurm-Burger die positiven Aspekte betonen und Namen wie EarthBurger, EcoBurger, PlanetBurger oder ForestBurger tragen. Sie werden Bilder von glücklichen Eisbären tragen (nur um die Entomologen zu ärgern). Der wichtigste Faktor ist, dass sie billig sind. Wenn also der HappyPlanetBurger 1 Pfund kostet, während der Beefburger 10 Pfund kostet, haben wir vielleicht endlich die Voraussetzungen für eine ökologische Ernährungsrevolution.

In der Zwischenzeit ist es unsere Pflicht, die Welt zu erforschen. Und was für eine Welt es da zu entdecken gibt! Meine Entomophagie-Eskapaden haben mir einen möglichen Weg aus unserer ökologisch und ernährungsphysiologisch katastrophalen Monokulinarität aufgezeigt. Aber noch wichtiger ist, dass sie zu außergewöhnlichen Essensabenteuern geführt haben, die mir so viel über das menschliche Dasein verraten haben und mein Leben lebenswert machen. Also gut: Dann gehen wir die Sache an!

---

[11] Quorn wird aus fermentiertem Schimmelpilz-Myzel hergestellt und kann zu verschiedenen Produkten verarbeitet werden (Anm. d. Übers).

UK und Nordeuropa

Man könnte meinen, dass der auf Entomophagie ausgerichtete Feinschmecker in Nordeuropa kaum etwas zu essen findet. Schließlich ist die Region kälter als die meisten anderen, während Insekten in warmen Klimazonen gedeihen. Dies kann dazu führen, dass das Sammeln von Insekten kalorienneutral oder sogar kaloriennegativ ist (wobei mehr Energie für das Sammeln des Essens aufgewendet wird, als man durch das Essen gewinnt). Ähnlich wie beim Knabbern von Sellerie. Und ja, was die schiere Anzahl der Arten angeht, steht Europa mit nur 2 % der weltweit verbreiteten Arten an letzter Stelle in der Rangliste der essbaren Insekten. Aber es gibt zwei Gegenargumente für Skeptiker.

1. **Insekten sind hartnäckige kleine Kreaturen**, die vor allem im Sommer überall zu finden sind - vorausgesetzt, man weiß, wo man suchen muss und wonach man suchen muss (und hat dieses Buch zur Hand). Normalerweise kann man in jeden Garten gehen, der nicht unter einer Schneedecke liegt, und einen Happen Protein finden.
2. **Die Zukunft der Welt**. Europa stand schon immer an der Spitze der globalen kulinarischen Entwicklung, was vor allem auf die Arbeit der Niederländer zurückzuführen ist, die mindestens seit der Reformation Lebensmittel aus einem wenig verheißungsvollen Fleckchen Erde gewonnen haben. Und mit einer gewissen Zwangsläufigkeit haben sie sich für die Entomophagie als eine wichtige Lösung für die Ernahrungsprobleme der Welt stark gemacht. Die Niederländer züchten Mehlwürmer und Grillen für den menschlichen Verzehr, und die talentierten Leute an der Universität Wageningen betreiben brillante Entomophagie-Forschung. Große Ideen, die die globale Ernährung verändern, klingen anfangs oft etwas seltsam und geschmacklos. Das heißt aber nicht, dass wir nicht versuchen sollten, die Welt zu verändern, indem wir ändern, was wir essen.

Die aufregendsten Gerichte auf Insektenbasis

Einige der aufregendsten Entwicklungen in der Entomophagie kommen aus den überraschendsten Orten. Trotz eines Klimas, das von Natur aus nicht für kaltblütige Tiere geeignet ist, hat Nordeuropa einen erfreulichen Anteil an den seltsamsten Insektengerichten der Welt entwickelt. Kreuzen Sie die an, die Sie probiert haben.

- ❑ 1. Bienenmayonnaise, Dänemark.
- ❑ 2. Maikäfersuppe, Frankreich.
- ❑ 3. Fliegen-Burger, Malawi/Tansania.
- ❑ 4. Mehlwurm-Eiscreme, San Francisco, USA.
- ❑ 5. Gehackte Fliegen zu Weihnachten, London, UK. (Zugegeben, der letzte Eintrag stammt von Ihrem Autor.)

Gemeiner Grashüpfer

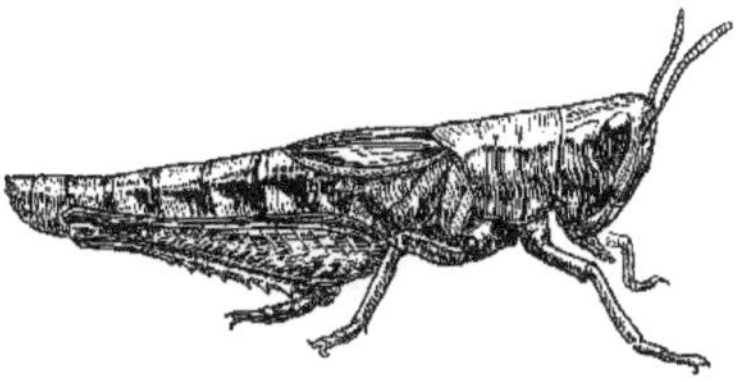

Chorthippus parallelus

Der Gemeine Grashüpfer ist für seinen Lockruf bekannt; er macht auf sich aufmerksam, indem er seine Beine aneinander reibt und ein kratzendes Geräusch in die allgemeine Kakophonie eines Feldes an einem Sommerabend einbringt. Der Grashüpfer kann besonders gut hüpfen, weil seine kräftigen Hinterbeine wie winzige Katapulte wirken - er beugt seine Beine am Knie, so dass ein federähnlicher Mechanismus Energie speichert. Wenn der Grashüpfer dann zum Sprung bereit ist, entspannt er die Beinmuskeln, so dass sich die Feder löst und ihn elegant in die Luft schleudert. Trotzdem sind sie in offenem Gelände oder auf kurzem Gras sehr leicht zu fangen, aber inmitten von Feldern verschwinden sie auf Nimmerwiedersehen in der Vegetation.

Geschmack: Frisch gekocht sind sie knusprig und nussig mit einem starken Umami-Einschlag.
Vorkommen: Im gesamten Vereinigten Königreich und in weiten Teilen Europas verbreitet.
Lebensraum: In der freien Natur lebt der Gemeine Grashüpfer auf feuchten Wiesen und Weiden und verbringt seine Zeit mit fröhlichem Gezirpe und dem Fressen von Blättern.
Risiken: Sie haben weder Stachel noch Gift und stellen keine Gefahr für den Menschen dar.
Zubereitung: Am besten gebraten oder frittiert.

Ruderwanzen

Corixidae

Die Ruderwanze rudert mit ihren ruderähnlichen Beinen gemächlich über den Teich und ernährt sich von Algen und pflanzlichen Resten (was sie von ihren meist fleischfressenden Teichgenossen abhebt). Ihre beeindruckendste Fähigkeit ist jedoch die Fähigkeit, mit ihrem Penis zu singen. Ja, Sie haben richtig gelesen: Sie ist ein Penis-Sänger. Sie erreicht dies, indem sie ihren Penis an ihren Unterleib reibt. Die Lautstärke ist spektakulär hoch und im Verhältnis zu ihrer Größe ist sie das lauteste Lebewesen. Sie hat keine Zähne und löst stattdessen den gewählten Leckerbissen mit ihrem Speichel auf, bevor sie den entstandenen Brei mit ihrem strohhalmartigen Maul aufsaugt. Um unter Wasser zu überleben, hat sie die geniale Technik entwickelt, eine winzige Luftblase mit sich zu führen, die sie wie ein primitiver Taucher unter ihren Flügeln verstaut. Rückenschwimmer (eine ähnliche Art) sind in Thailand sehr beliebt und werden in Suppen gegessen oder gesalzen zu einem Gericht namens Jom verarbeitet. Auch in Mexiko werden Ruderwanzen gegessen, sowohl die erwachsenen Tiere als auch ihre Eier.

Geschmack: Die Eier sind eine Delikatesse in Mexiko, wo sie als "mexikanischer Kaviar" bekannt sind. Die ausgewachsenen Tiere hingegen schmecken leicht krabbenartig.
Vorkommen: Weit verbreitet im Vereinigten Königreich.
Lebensraum: Am liebsten lebt sie als Vegetarier in bewachsenen Teichen und Flüssen.
Risiken: Einige Arten von Ruderwanzen können beißen, seien Sie also vorsichtig.
Zubereitung: Kann gebraten, frittiert oder gekocht werden.

Highland Midge

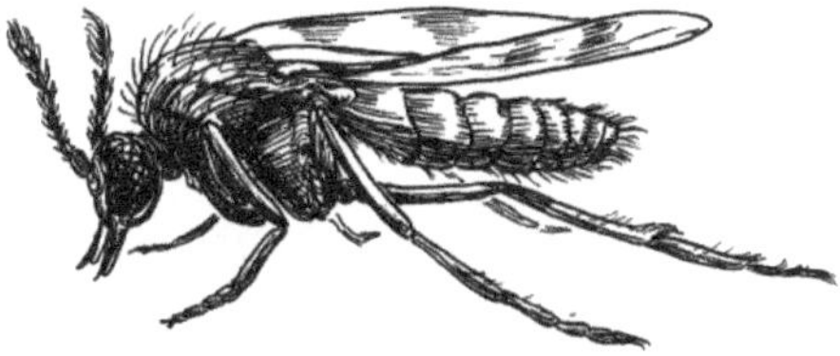

Culicoides impunctatus

Obwohl sie nur eine winzige Flügelspannweite von 1 mm haben, sind sie die blutrünstigsten der 40 schottischen Mückenarten. Diese Mücke hat einen furchterregenden Ruf als eines der lästigsten Insekten Großbritanniens, als Geißel von Campingausflügen und als Vorbote von Juckreiz und Elend. Das Weibchen dieser Spezies hat es vor allem auf uns abgesehen und holt sich ihr Abendessen, indem es winzige Schnitte in unsere Haut ritzt und dann fröhlich am Blut leckt. Sie setzen eine Chemikalie frei, die das Blut an der Gerinnung hindert, so dass sie sich vergnügt satt fressen können, bevor sie davonfliegen und uns mit Juckreiz und Ärger zurücklassen. Niemand wird verschont, nicht einmal Menschen von königlichem Geblüt - Königin Victoria murrte 1872 in ihrem Tagebuch, dass sie von den Plagegeistern "halb aufgefressen" wurde. In Afrika werden die Mücken geerntet und zu festen Blöcken gepresst, die Kunga-Kuchen genannt werden. Es ist an der Zeit, den Spieß umzudrehen und das Gleiche mit unseren schottischen Plagegeistern zu tun.

Geschmack: Leicht nussig und ein wenig muffig. Wenn sie zu einem Stück verarbeitet und dann in Speisen zerbröselt werden, verleihen sie Eintöpfen und Suppen eine umamiartige Fülle (wie Parmesankäse, nur ohne den käsigen Geschmack).
Vorkommen: Weit verbreitet in Nordwales und Schottland.
Lebensraum: Die besten Chancen auf eine Mückenernte haben Sie, wenn Sie in der Abend- oder Morgendämmerung mit einem sehr feinen Netz und eventuell einer Taschenlampe losziehen und sich selbst als Köder benutzen. Oder Sie kopieren die ostafrikanische Methode, eine Bratpfanne mit Öl zu benetzen, damit die Mücken daran haften bleiben, wenn Sie sie durch einen Schwarm schwingen. Das funktioniert bemerkenswert gut.
Risiken: Keine bekannt.

Zubereitung: Sammeln Sie so viele wie möglich und pressen Sie sie zu einem Stück zusammen. Machen Sie Burger daraus, oder trocknen Sie sie und reiben Sie Teile davon in Eintöpfe.

Große Winkelspinne

Eratigena atrica

Die Große Winkelspinne ist kein Insekt, und in der Rangliste der riesigen Spinnentiere ist sie nicht einmal weit vorne. Sie erreicht in der Regel eine Körperlänge von 18 mm (aber mit verhältnismäßig langen Beinen - bis zu 75 mm bei den Männchen). Obwohl sie seit Jahrtausenden mit der Menschheit zusammenleben, sind sie relativ scheu und ziehen es vor, ihre trichterförmigen Netze an dunklen, ungestörten Orten zu bauen und dann auf Beute zu warten. Ein lästiger Job? Nicht wirklich. Von Juli bis Oktober kann man die Männchen auf der Suche nach einer Partnerin im Haus beobachten, aber nachdem sie ein paar angenehme Wochen mit ihrem Liebhaber verbracht habt, frisst sie ihn normalerweise auf. Unter Jungtieren würde man etwas Niedliches verstehen – bis man sieht, dass aus jedem Eiersack etwa 60 schlüpfen. Sie gehören zu den schnellsten Spinnen der Welt und können mit einer Geschwindigkeit von bis zu 1,18 mph krabbeln.

Geschmack: Seien wir ehrlich: Das Essenserlebnis besteht hauptsächlich aus Knusprigkeit und seltsam schmeckendem Saft, aber ein Teller mit ihnen bietet einen herzhaften Protein-Punch, und mit Salz bestreut sind sie ein wunderbarer Snack.
Vorkommen: Sehr weit über das gesamte Vereinigte Königreich verteilt.
Lebensraum: Am wohlsten fühlen sie sich im Haus in ruhigen Ecken, wo sie Zugang zu viel Beute haben und von aufdringlichen Menschen und deren stinkenden Haustieren abgeschirmt sind.
Risiken: Wie alle Spinnen produzieren sie Gift, um ihre Beute zu betäuben, aber es ist unwahrscheinlich, dass sie Menschen beißen, sie ziehen es vor, wegzulaufen. Das Gift wird ausnahmslos durch Kochen neutralisiert.

Zubereitung: Waschen, trocknen und frittieren. Auf Papier abtropfen lassen, mit Salz und Paprika bestreuen und servieren.

Laven der Großen Wachsmotte

Galleria mellonella

Die Larven der Großen Wachsmotte, auch Rankmaden genannt, sind der schlimmste Albtraum eines Imkers. Sie nagen an den Wachsrückständen in den Bienenstöcken und verursachen enorme Schäden an der Honigausbeute. Sie können sogar die Köpfchen der Bienenpuppen fressen. Aber wir sollten sie nicht zu früh verdammen - die Larven sind unglaublich nützlich als Haustierfutter und werden auch in wissenschaftlichen Experimenten verwendet. Ganz abgesehen davon, dass sie für den Menschen ziemlich schmackhaft sind. In ihrem Buch *Entertaining With Insects, or: The Original Guide to Insect Cookery* beschreiben Ronald L. Taylor und Barbara J. Carter die Larven als "dünnwandig, zart und saftig. Sie scheinen sich für die kommerzielle Verwertung als Snack zu eignen. Wenn man sie in heißes Pflanzenöl legt, schwellen die Larven sofort an, ziehen sich in die Länge und platzen dann auf. Das daraus resultierende Produkt sieht nicht wie ein Insekt aus, sondern eher wie Popcorn". Hüten Sie sich jedoch vor Pfannenbränden.

Geschmack: Sie werden oft mit Kleie und Honig gefüttert und schmecken geröstet oder gebraten wie eine Mischung aus Pinienkernen und Enoki-Pilzen, aber auch sehr fett.
Vorkommen: In ganz Europa verbreitet. Lebensraum: Sie fühlen sich überall wohl, wo es ein ausreichendes Nahrungsangebot gibt, aber die Larven lieben vor allem Bienennester. Sie sind im Handel als Futter für Geckos und andere Reptilien erhältlich.
Risiken: Ungefährlich, wenn sie richtig gekocht werden.
Zubereitung: Sautiert oder gebraten (nachdem man sie eine halbe Stunde in den Gefrierschrank gelegt hat, damit sie eingeschläfert werden).

Schwarze Soldatenfliege

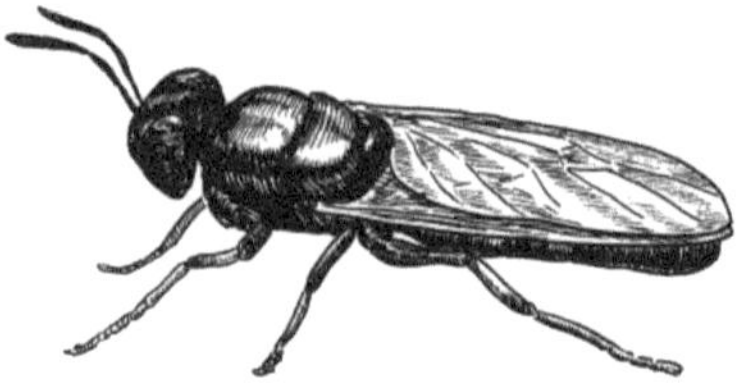

Hermetia illucens

Die schwarze Soldatenfliege versucht, furchterregend auszusehen, indem sie vorgibt, eine Wespe zu sein. Sie hat undurchsichtige Flecken in der Körpermitte, die den Anschein erwecken, als hätte sie die Taille ihres entfernten stechenden Vetters. Die Larven dieser Fliegen eignen sich hervorragend zum Verzehr (obwohl man auch die erwachsenen Tiere essen kann). Die Larven sind ein proteinreiches (42 % Eiweiß) Abendessen für alle Arten von Tieren und werden als Tierfutter gezüchtet, da sie Pflanzen sehr effizient in Eiweiß umwandeln. Und für den Menschen? Nun, mit dem Prototyp einer Tischfarm, die von einem österreichischen Designer entwickelt wurde, gelang es, innerhalb von zwei Wochen 500 g Larven für den menschlichen Verzehr zu züchten. Sie sind fleißige kleine Dinger, die Abfälle in Kompost umwandeln und sich mit einer geringen Menge an Nahrung sehr effizient vermehren. Sie können sich sogar von menschlichen Fäkalien ernähren (was sich nicht besonders verlockend anhört). Oft sieht man sie in der Nähe von Kuhfladen lauern, aber die erwachsenen Tiere haben keinen funktionierenden Mund - sie verbringen ihre Zeit mit der Partnersuche, nicht mit dem Essen.

Geschmack: Gekocht riechen die Larven nach Kartoffeln, und der Geschmack ist nussig und fleischig.
Vorkommen: Im gesamten Vereinigten Königreich zu finden.
Lebensraum: Schlupfwinkel und Ritzen in der Nähe von verrottenden Abfällen und Dung. Es ist schwierig, sie in größerem Umfang zu fangen - man muss wirklich ein paar erwachsene Tiere erwischen, um eine heimische Larvenkolonie zu gründen. Es gibt einen kommerziellen Markt für diese Fliegen (für Fisch-, Haustier- und Tierfutter), für den sie in riesigen Behältern, den so genannten Wurmboxen, gezüchtet werden.
Risiken: Sie haben weder Stachel noch Gift und stellen keine Gefahr für den Menschen dar.
Zubereitung: Braten oder unter Rühren anbraten.

Schwarze Wegameise

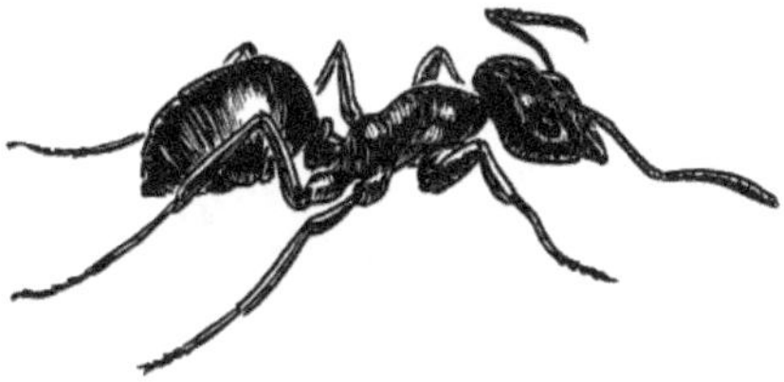

Lasius niger

Diese im Vereinigten Königreich am häufigsten vorkommende Ameisenart ist ein geniales Insekt mit einer komplexen Hierarchie und einem interessanten Verhalten. Normalerweise züchten sie bestimmte Arten von Blattläusen und bieten ihnen Schutz im Austausch gegen ein zuckerhaltiges Sekret, das die Blattläuse abgeben, den sogenannten Honigtau, den die Ameisen äußerst köstlich finden. Die Arbeiterinnen befinden sich oft in der Nähe von Beeren und anderen süßen Dingen. Sie sind alle weiblich und zählen etwa 5.000 pro Kolonie. Die faulen Männchen arbeiten nicht und werden nur für die Flugsaison produziert, wenn sie und die jungen, jungfräulichen Königinnen der Art ihren prächtigen Hochzeitsflug antreten, um neue Kolonien zu gründen, in denen die Königinnen stolze 15 Jahre alt werden können. Die Männchen haben weniger Glück und fallen wenige Tage nach der Hochzeit tot um.

Geschmack: Die erwachsenen Tiere schmecken angenehm pikant, da sie, wie viele Ameisen, Ameisensäure (acidum formicicum, vom lateinischen Wort für Ameise, "formica") enthalten, die als Abwehrmechanismus bei Gefahren eingesetzt wird. Ihre leicht knusprige Textur ist befriedigend zahnfreundlich.

Vorkommen: Weit verbreitet im Vereinigten Königreich, in Nordeuropa und in Teilen Nordamerikas und Asiens.

Lebensraum: Eine Königin kann überall ein neues Nest bauen – von normaler Erde bis hin zu Ritzen in Gehwegen. Die Arbeiterinnen sind weit und breit zu finden, da sie in den Sommermonaten auf der Suche nach neuen Nahrungsquellen viel unterwegs sind. Es ist einfach, sie zu fangen, indem man ihnen etwas Süßes anbietet, z. B. ein Stück Obst, und sie davon in einen Behälter schüttelt.

Risiken: Lasius niger sind harmlos und können nach dem Braten unbedenklich verzehrt werden.

Zubereitung: Am besten einfach geröstet und gesalzen genießen.

Punktierte Zartschrecke

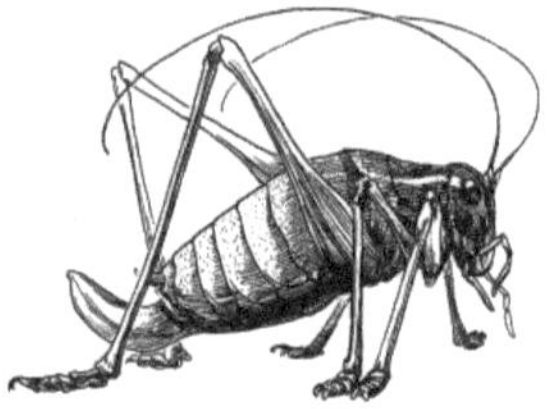

Leptophyes punctatissima

Grillen[12] sind auf der ganzen Welt ein beliebter Snack, da sie leicht zu fangen sind (die meisten von ihnen springen nicht besonders gut) und einen hohen Nährwert haben.

Diese Tiere sind in der britischen Natur leicht zu finden. Die Weibchen haben eine spezielle Röhre für die Eiablage, den Ovipositor, der ein wenig wie ein Krummsäbel aussieht, und beide Geschlechter sind mit den kleinen schwarzen Flecken bedeckt, die ihnen ihren Namen geben. Beide sind flugunfähig, aber äußerst flink und bewegen sich mit ihren langen, schlanken Hinterbeinen fort. Viele Arten lassen sich auch sehr leicht züchten, weshalb es in Thailand rund 20.000 Grillenfarmen gibt. Wenn Sie sich von Ihrer Entomophobie kurieren wollen, empfehle ich Ihnen, Ihre Arme in eine Grillenfarm-Box (etwa so groß wie ein Küchentisch) zu stecken und sich von ihnen umschwärmen zu lassen. Spannende Sache.

Geschmack: Frisch gebraten sind sie knusprig und fleischig (wegen ihres hohen Proteingehalts), wie eine Mischung aus fertig gesalzenen Chips und Brathähnchen. Getrocknet haben sie einen nussigen Geschmack und können in Sojasauce und Brühe rehydriert werden, um ihnen mehr Geschmack zu verleihen.

Vorkommen: Am häufigsten in Süd- und Mittelengland und an der walisischen Küste anzutreffen.

Lebensraum: Sie sind meist nachtaktiv und kommen in vielen verschiedenen Lebensräumen vor. Im Vereinigten Königreich sind sie leicht auf Feldern, Wiesen und Weiden zu finden. Verwenden Sie nachts eine

[12] Sowohl Grillen (Grylloidea) als auch die punktierte Zartschrecke gehören zur übergeordneten Gattung der Langfühlerschrecken. Die punktierte Zartschrecke ist daher genaugenommen keine Grillenart. Wir bleiben dem Verständnis wegen aber bei der aus dem Englischen vorgegeben Formulierung (Anm. d. Übers.).

Taschenlampe oder hängen Sie ein weißes Laken im Garten auf und richten Sie ein helles Licht darauf. Sie sollten sie ganz leicht finden.
Risiken: Keine bekannt.
Zubereitung: Legen Sie sie in Wasser ein und schütteln Sie sie trocken, bevor Sie sie in heißem Sonnenblumenöl je nach Größe 3-7 Minuten braten und nach drei Minuten antesten. Mit Salz bestreuen und als Snack verzehren.

Sesamgrillen-Snack

Zutaten:
500ml Erdnussöl zum Braten
50g getrocknete Grillen
2 Esslöffel Sojasauce
1 Esslöffel Mirin (oder 1 Esslöffel Streuzucker)
2 Esslöffel weiße Sesamsamen

Zubereitung:

- Erhitzen Sie Ihr Öl auf 180°C (350°F).
- Braten Sie die Grillen schubweise jeweils 30 Sekunden lang und legen Sie sie dann auf Küchenpapier, damit das überschüssige Öl aufgesaugt wird.
- Sojasauce mit Mirin oder Zucker mischen und die Grillen in die Mischung tauchen.
- Die Grillen in den weißen Sesamkörnern wälzen und servieren.

Gemeiner Maikäfer

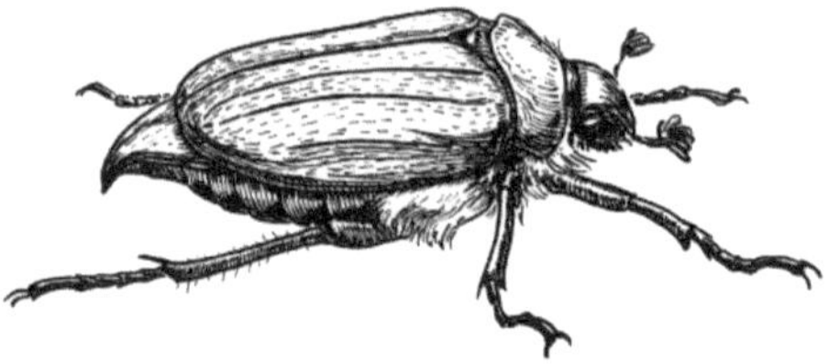

Melolontha melolontha

Obwohl dieses Insekt bereits einen albernen Namen trägt, hat es eine ganze Reihe von noch alberneren Pseudonymen, darunter auch "billy-witch"[13]. Der gemeine Maikäfer zeichnet sich durch seine fabelhaften geweihähnlichen Fühler aus – die männlichen Tiere haben sieben " Lamellen", während die Weibchen nur sechs haben. Die Maikäferlarve verbringt Jahre unter der Erde und frisst Wurzeln. Vor dem weit verbreiteten Einsatz von Pestiziden wurde sie von den Landwirten als lästig empfunden. Maikäferlarven wurden in den 1320er Jahren in Avignon, Frankreich, vor Gericht gestellt und zur Verbannung in ein spezielles Reservat verurteilt. Es überrascht vielleicht nicht, dass sie diesem Urteil nicht viel Beachtung schenkten. Sie gaben sogar der deutschen V-1-Rakete einen ihrer Spitznamen, "Doodlebug", wegen des lauten Summens, das die Raketen im Flug erzeugten.

Obwohl sie Mitte des 20. Jahrhunderts fast ausgerottet waren, gibt es derzeit keine zugelassenen Pestizide gegen sie, und auf Grund der langsamen Bestandszunahme gelten sie wieder als Schädling. Dennoch sollte man sich insgesamt beim Konsum der Tiere zurückhalten.

Geschmack: Sowohl die Larven als auch die erwachsenen Käfer gelten als Delikatesse und sind in vielen europäischen Rezepten zu finden. Die Larven und Käfer sind nahrhaft, fleischig und manchmal leicht garnelenartig.
Vorkommen: Im gesamten Vereinigten Königreich, vor allem in Südengland, sowie auf dem europäischen Festland.
Lebensraum: Die Larven leben bis zu drei Jahre lang unter der Erde und fressen Knollen. Im Frühjahr kommen Sie ans Tageslicht, um sich sechs Wochen lang prächtig zu paaren und Blätter zu fressen. Zum Leidwesen der Landwirte sind Getreidefelder ein idealer Nährboden für sie.
Risiken: Ungefährlich, wenn sie richtig gekocht werden.

---

[13] Im Deutschen dürften keine allzu ausgefallenen Namen bekannt sein (Anm. d. Übers.)

Zubereitung: Neben dem unten aufgeführten köstlichen Rezept können sie auch in Butter geröstet und dann mit Zucker bestreut werden.

Maikäfersuppe

Zutaten:
3 Esslöffel Butter
50 g ausgewachsene Maikäfer, ohne Flügel und Beine
500 ml Hühnerbrühe
Fleisch von zwei gebratenen Hühnerkeulen, zerkleinert
200 g Austernpilze, in Stücke geschnitten
Ein Schuss Crème double
Gehackte Petersilie
Gehackter Schnittlauch
Getoastetes Sauerteigbrot

Zubereitung:

- 2 EL Butter in einer breiten Pfanne erhitzen, bis sie brutzelt, und dann die Maikäfer hinzufügen. Goldgelb braten und auf Küchenpapier zum Trocknen beiseitelegen.
- Die Brühe in einem Topf erhitzen und das Fleisch der Hähnchenkeulen einrühren, dann auf kleiner Flamme köcheln lassen, bis es dampft.
- Die restliche Butter in die Pfanne geben und die Pilze anbraten, bis sie goldgelb sind. Mit den Maikäfern in die Brühe geben.
- Die Crème double einrühren, die Suppe abschmecken und mit den Kräutern bestreuen. Mit getoastetem Brot servieren.

Regenwürmer

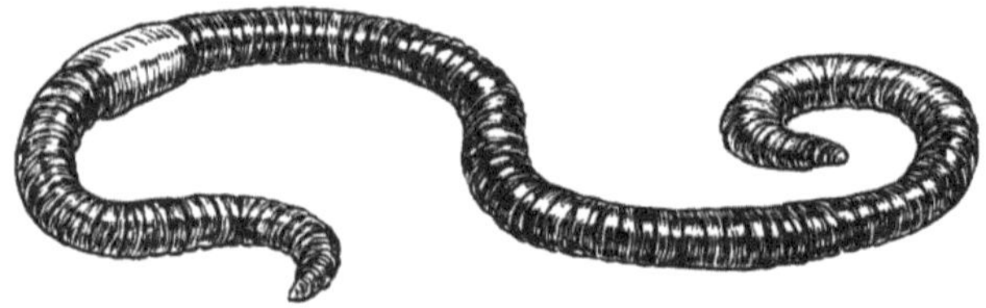

Mehrere Arten aus der Klasse der Oligochaeta[14]

Der schleimige, zwittrige, schleimbedeckte Regenwurm ist eigentlich kein Insekt, aber dennoch eines der faszinierendsten Lebewesen der Erde. Er hat keine Augen (obwohl er einige lichtempfindliche Zellen auf seinem Rücken und an den Seiten besitzt), keine Nase und keine Ohren. Am besten kann man den Vorder- vom Hinterteil unterscheiden, indem man beobachtet, in welche Richtung er sich bewegt. Er hat jedoch viele Geschmacksrezeptoren am ganzen Körper – vor allem am Kopf, wo sich der Mund befindet, der direkt unter der vorderen Spitze der Kiefer sitzt. Außerdem verfügt der Wurm über mikroskopisch kleine Borsten (vier pro Segment), die ihm helfen, sich fortzubewegen, und die ihm auch eine gewisse Bodenhaftung geben, damit er dem Sog eines hungrigen Vogels widerstehen kann. Wenn er ausgewachsen ist, hat er auch einen "Sattel", das so genannte Clitellum, mit dem er sich paaren kann. Regenwürmer sind ein großes Geschäft. Sie werden gezüchtet, um bei der Zersetzung von Lebensmittelabfällen zu helfen, aber nur selten als Nahrungsmittel verwendet. Die Maori in Neuseeland sind bekannt dafür, dass sie sie essen. Sie nennen sie *noke*.

Geschmack: Sie sind tintenfischartig und eiweißhaltig und haben gelegentlich eine entwaffnend starke, anhaltende Süße, die an thailändische Bambusraupen erinnert - das gleiche zuckrige Gefühl, das man bei Topinambur findet.
Vorkommen: Weltweit.
Lebensraum: Im Boden.
Risiken: Keine bekannt, aber achten Sie sehr darauf, dass sie nicht auf mit Pestiziden oder Insektiziden behandelten Flächen gelebt haben.

---

[14] Bei Oligochaeta handelt es sich genau genommen um die Klasse der Wenigborster. Regenwurm wird aber häufig für die größten Mitglieder diese Klasse verwendet (Anm. d. Übers.).

Zubereitung: Wie bei den Schnecken mehrere Tage lang den Darm entleeren lassen. Dann unter Rühren braten.

Mauerassel

Oniscus asellus

Mauerasseln, ein wundersamer Minibeast-Happen, sind terrestrische Asseln, die mit den Garnelen verwandt sind und zur 5.000 Mitglieder zählenden Unterordnung der Oniscidea gehören und, wie Regenwürmer, eigentlich gar keine Insekten sind. Sie sind klein, gesellig und sehen prähistorisch aus. Sie haben ein starres, in Segmente unterteiltes Exoskelett und 14 gelenkige Gliedmaßen. Sie ernähren sich hauptsächlich von abgestorbenen Pflanzen und bevorzugen feuchte Umgebungen, da sie Wasser schnell ausscheiden. Einige von ihnen können sich zu einer perfekten Kugel aufrollen. Sie verbreiten keine Krankheiten und beschädigen trotz ihres Namens kein gesundes Holz[15]. In Guildford sind sie als "Cheesy Bobs" und in Nord-Devon als "Chiggy Pigs" bekannt, was zeigt, dass manche Menschen sie (ungewöhnlich für die Kreaturen in diesem Buch) eher niedlich finden.

Geschmack: Leichter Krabben- oder Garnelengeschmack, wahrscheinlich aufgrund ihrer engen Verwandtschaft mit den Seegarnelen. Ihr Exoskelett ist schön knusprig, und das süße Fleisch liefert einen köstlichen Hauch von Umami, wenn es richtig gegart wird.
Vorkommen: Sehr weit verbreitet - sie gedeihen im Vereinigten Königreich und in vielen anderen Ländern der Welt.
Lebensraum: In Geschäften nicht zu finden, also müssen Sie sie selbst fangen. Glücklicherweise sind sie im Vereinigten Königreich das ganze Jahr über leicht zu finden – verrottende Baumstämme sind der häufigste Ort, an dem man sie findet. Bewegen Sie den Baumstamm vorsichtig und schnell, um sie in einer Schale zu sammeln, bevor sie sich wieder verstecken können.

---

[15] Im Englischen heißen die Tiere common woodlouse (Anm. d. Übers.).

Risiken: Solange Sie die Asseln vor dem Verzehr leicht abkochen, stellen sie keine Gefahr dar, da das kurze Abkochen die meisten Krankheitserreger abtötet. Nicht essen, wenn Sie allergisch gegen Schalentiere sind.
Zubereitung: Kurz abspülen, in kochendes Wasser geben und 60 Sekunden kochen, dann abtropfen lassen und abtrocknen. Sie sind ein hervorragender Ersatz für Garnelen in einem Krabbencocktail oder allein als Knabberei, gekocht und mit geräuchertem Paprika bestreut.

Krabbencocktail mit Mauerasseln

(2 Portionen)

Zutaten
50 g Mauerasseln (wenn Sie mehr sammeln, passen Sie die unten angegebenen Mengen entsprechend an)
2 Esslöffel Tomatenketchup
2 Esslöffel Mayonnaise
Eine Prise Tabasco
Ein Spritzer Zitronensaft
Ein Spritzer Worcestersauce
1 x kleiner Kopfsalat, zerteilt, gewaschen und getrocknet
Cayennepfeffer zum Garnieren

Zubereitung

- Blanchieren Sie die Asseln in kochendem Salzwasser, bis sie gar sind (etwa zwei Minuten), und lassen Sie sie dann in einem Sieb abtropfen.
- Geben Sie alle feuchten Zutaten in eine Schüssel und vermischen Sie sie. Dies ist die Cocktail Sauce.
- Zwei Schüsseln nehmen und jeweils die Hälfte der Salatblätter hineinlegen.
- Die Hälfte der Cocktail Sauce auf den Salat in jeder Schale geben.
- Die gekochten Mauerasseln auf die Schalen verteilen, mit Cayennepfeffer bestreuen und servieren.

Mehlwürmer

Tenebrio molitor

Die Larven des Mehlkäfers (Tenebrio molitor) gehören zu den am leichtesten erhältlichen essbaren Insekten im Westen. Nicht, weil sie in der freien Natur in großer Zahl vorkommen, sondern da sie sich leicht züchten lassen. Obwohl die meisten Farmen sie immer noch als Vogelfutter und als lebendes Insektenfutter für Reptilien produzieren, gibt es auch einige, die die gleichen Larven für den menschlichen Verzehr herstellen. Manchmal findet man sie als falsche Tequila-Würmer, die in billigen Tequila-Marken unbeachtet bleiben – der echte Tequila-Wurm, der in einigen Arten von Mescal verwendet wird, ist in Wirklichkeit die Larve der Motte *Hypopta agavis*. Das Käferweibchen legt bis zu 500 Eier auf einmal, was die kommerzielle Zucht von Mehlwürmern einfach und rentabel macht. Seltsamerweise können Mehlwürmer Styropor fressen und es in verwertbares organisches Material umwandeln.

Geschmack: Leicht pilzartig, nussig und ein wenig bitter, aber sie nehmen den Geschmack von allem an, was man mit ihnen kocht.
Vorkommen: weltweit.
Lebensraum In freier Wildbahn bevorzugen sie dunkle, geschützte Orte, in denen viel vermodert. Man findet sie, während sie sich durch gelagertes Getreide schlängeln, aber sie fressen an sich alles, von Hafer bis zu Äpfeln.
Risiken: Keine bekannt.
Zubereitung: Sie können gesunden Shakes zugesetzt werden, da sie eine ausgezeichnete Proteinquelle sind. Versuchen Sie, sie zu rösten, um einen knusprigen, schmackhaften Belag zu erhalten, der besonders gut zu Avocado passt.

Mehlwurmbolognese

(2 Portionen)

Zutaten:

50 g getrocknete Mehlwürmer
300 ml Hühner- oder Gemüsebrühe
Eine Prise gemischte Kräuter
2 Esslöffel Olivenöl
1 Zwiebel, fein gewürfelt
Sonnenblumenöl
2 Knoblauchzehen
1 Dose gehackte Cocktailtomaten

Zubereitung:

- Weichen Sie die Mehlwürmer 30 Minuten lang in 100 ml Brühe, Kräutern und Olivenöl ein, gießen Sie dann die überschüssige Flüssigkeit ab und zerkleinern Sie sie in einer Küchenmaschine.
- Die Zwiebel in einem Spritzer Sonnenblumenöl fünf Minuten anbraten, die Mehlwürmer und den zerdrückten Knoblauch hinzufügen und weitere fünf Minuten braten.
- Die Tomaten und die restliche Brühe hinzugeben und weitere 20 Minuten sehr sanft köcheln lassen.
- Die Sauce zu den gekochten Nudeln geben und mit Parmesan bestreuen.

Die Top Händler & Hersteller essbarer Insekten

Nachfolgende eine Auswahl empfehlenswerter Händler und Hersteller[16].

Protein Revolution

Protein Revolution ist eine Plattform für Erzeugnisse auf Speiseinsekten-Basis, auf der Nutzer die Produkte der namhaftesten Hersteller im DACH-Raum finden. Zusätzlich zum Onlineshop betreibt Protein Revolution auch eine Informations-Plattform zur um Aufklärung rund um das Thema Entomophagie.
https://www.protein-revolution.de/

---

[16] Dieses Kapitel wurde mit Zustimmung von Penguin Random House an den deutschen Markt angepasst. Der Vollständigkeit halber nachfolgend der übersetzte Originalinhalt (Anm. d. Übers.): Wenn Sie in Ihrem eigenen Garten nicht genug leckere Kreaturen finden, gibt es viele Händler, die Ihre kulinarische Neugierde befriedigen können. Hier ist meine Liste der besten britischen Anbieter:
Eat Grub - Verkauf von Insekten aus nachhaltigem Anbau, sowohl in roher Form für die eigene Küche als auch in Form von leckeren Snack-Riegeln http://www.eatgrub.co.uk/
Crunchy Critters - für alle Ihre Bedürfnisse an getrockneten und gefriergetrockneten essbaren Insekten. Sie bieten auch Bush Tucker Menüs an, die perfekt sind, um zartbesaitete Gäste auf Dinnerpartys zu erschrecken. https://www.crunchycritters.com/
Crobar - schon bald werden Sie diese schick aussehenden Snack- Riegel in einem Naturkostladen in Ihrer Nähe finden. In der Zwischenzeit können Sie die Snacks aus Grillenmehl online kaufen. http://gathrfoods.com/
Jimini's - Nur die Franzosen können sich Insekten als perfekte Begleiter zu Wein und Champagner vorstellen. Genau das haben Jimini's getan. Ihre Bar-Snack-Alternativen zu den herkömmlichen Erdnüssen sind bei Fortnum & Mason's sowie online erhältlich. https://www.jiminis.com/
Ihr örtliches Tierfuttergeschäft - was gut genug für Ihr Reptil ist, ist auch gut genug für Sie. In Tiernahrungsgeschäften kann man leicht Insekten in großen Mengen kaufen: ein idealer Weg, um Ihre eigene Insektenfarm zu gründen!

Beneto Foods

Bekannt aus „Höhle der Löwen" – das können nur wenige Startups von sich behaupten. Und noch weniger Unternehmen finden dort entsprechenden Anklang. Beneto Foods um Gründerin Lara Schuhwerk ist dieser Schritt gelungen. Mit Insektennudeln, die ihresgleichen suchen und das Prädikat Eiweißbombe mehr als verdienen.
https://www.benetofoods.com/

Catch your bug

Catch-your-bug sind die deutschen Pioniere im Bereich der Speiseinsekten. Denn Catch-your-bug ist die Vertriebsplattform der six feet to eat Insektenzucht GmbH, der ersten Speiseinsektenzucht Deutschlands. Inzwischen verfügt Catch-your-bug über ein umfangreiches Sortiment. Die Palette reicht von Riegeln über Mehl bis hin zu Insekten Snacks.
https://www.catch-your-bug.com/

Essento Food

Snacks, Burger und Proteinriegel – die Essento Foods GmbH ist einer der europaweiten Pioniere auf dem Gebiet der Entomophagie. Das schweizerische Unternehmen ist seit 2013 auf dem europäischen Markt aktiv und überzeugt mit einem breiten Sortiment und hochwertigen Produkten wie Insekten Proteinriegeln bis hin zu Insekten Snacks.
https://essento.ch/

Micronutris

Gegründet im Jahr 2011 in Frankreich sicherte sich Micronutis den Status als erste europäische Zuchtfarm, die sich der Produktion von Insekten für die menschliche Ernährung widmet. Inzwischen hat sich das Unternehmen auf die Produktion von Insekten-Produkten wie beispielsweise Cracker, geröstete Insekten und Chips spezialisiert.
https://www.micronutris.com/en/

Party Bugs

Party Bugs ist eine finnische Marke, die sich auf die Kreation, Herstellung und Vermarktung verschiedener Produkte auf Basis von Speiseinsekten

spezialisiert hat. Im Fokus stehen dabei Insekten Snacks und Insektenmehl. Party Bugs legt dabei sehr viel Wert auf die Verpackung seiner Produkte, um den Spaßfaktor beim Essen zu erhöhen.
https://www.partybugs.com/de

Primeinsects

Prime Insects genießt Pionierstatus als erste biologische Mehlwurmzucht Österreichs und als eine der wenigen in Europa. Sie verarbeiten 100% des Mehlwurms. Prime Insects produziert in erster Linie sehr puristische Mehlwurm-Erzeugnisse wie Mehl und geröstete Insekten aber auch Insekten-Schokolade und Insekten Riegel.
https://www.primeinsects.com/

Sens Foods

Sens Foods ist ein Berliner Unternehmen, das unter dem Motto „Maximal nutrition, minimal harm" Sportnahrung auf Grillenbasis herstellt. Die Zucht erfolgt in der eigenen Farm in Thailand, zudem betreibt das Unternehmen gemeinsam mit Universitäten vor Ort Forschung. Das Sens Sortiment umfasst unter anderem Proteinpulver, Riegel, Cracker und Chips.
https://www.benetofoods.com/

Wicked Cricket

Wicked Cricket ist ein Münchner Unternehmen, dass sich auf die auf die Herstellung von Insekten Snacks auf basis von Grillen spezialisiert hat. Das Sortiment umfasst geröstete und gewürzte Grillen sowie Insekten Chips. Zum Verfeinern kommen bei Wicked Cricket ausschließlich biologische Zutaten zum Einsatz.
https://wickedcricket.de/

ZIRP Insects GmbH

Bei ZIRP Insects handelt es sich um ein Startup aus der österreichischen Hauptstadt Wien. ZIRP konzipiert bereits seit dem Jahr 2011 Produkte auf Basis von Insektenprotein – und zwar in Zusammenarbeit mit Spitzenköchen. ZIRP Produkte sind deshalb nicht nur nachhaltig, sondern auch einfach wahnsinnig lecker.
https://zirpinsects.com/

Südeuropa

In der klassischen Literatur Südeuropas findet sich eine rege Begeisterung für die Entomophagie, von Herodots Berichten über die "Heuschrecken-jagd" der Nasamonen bis hin zu Aristophanes' Geflügelhändlern, die "vierflügliges Geflügel" (wahrscheinlich Heuschrecken) verkauften. Plinius der Ältere erwähnt *Cossus cossus*, die Larven des Weidenbohrers, die bei den alten Römern als große Delikatesse galten. Schade also, dass Europa heute die Abneigung der wohlhabenden Länder gegen den Verzehr von Insekten teilt. Das bedeutet jedoch nicht, dass sie, wie der Rest der ahnungslosen Welt, sie nicht ständig essen. E120 ist ein Paradebeispiel dafür: Das Insekt Cochenille gibt seine tiefrote Karminsäure ab, um alles zu färben, von Süßigkeiten bis hin zu Wurstwaren. Und seien wir ehrlich: Wären sich mehr Südeuropäer darüber im Klaren, dass sie mehrfach erbrochene Bienenkotze auf ihrem Toast verteilen, wenn sie Honig zum Frühstück essen, würde die Entomophagie vielleicht nicht ganz so abwegig erscheinen.

Top 5 der überraschendsten Insektenprodukte

Da die alten Griechen und Römer so begeisterte Entomophagisten waren, überrascht es nicht, dass einige der seltsamsten Insektenprodukte (darunter die Spanische Fliege und Cochenille) in Südeuropa hergestellt wurden. Das Spannende daran ist, dass die Öffentlichkeit das Thema Insekten in letzter Zeit eher ignoriert hat - vielleicht aus Entsetzen, vielleicht aus Verlegenheit. Dem wollen wir ein Ende setzen. Kreuzen Sie die an, die Sie (vielleicht unwissentlich) probiert haben:

- ❑ 1. Spanische Fliege. ein Aphrodisiakum (in Wirklichkeit ist es ein Reizstoff für den Urogenitaltrakt, der in hohen Dosen sehr gefährlich - sogar tödlich - ist). Es wird aus dem smaragdgrünen Lytta vesicatoria-Käfer[1] gewonnen.
- ❑ 2. Cochenille-Insekten. Lebensmittelfarbstoff E120.
- ❑ 3. Schellack. Ausscheidungen von Insekten. Lebensmittelglasur E904.
- ❑ 4. Honig. Mehrfach erbrochene Bienenkotze.
- ❑ 5. Propolis. Ganzheitliches Antibiotikum, auch "Bienenleim" genannt (beliebt in Reformhäusern, aber nur als "möglicherweise wirksam" eingestuft für Behandlung von Genitalherpes und Fieberbläschen).

Mehlmilbe

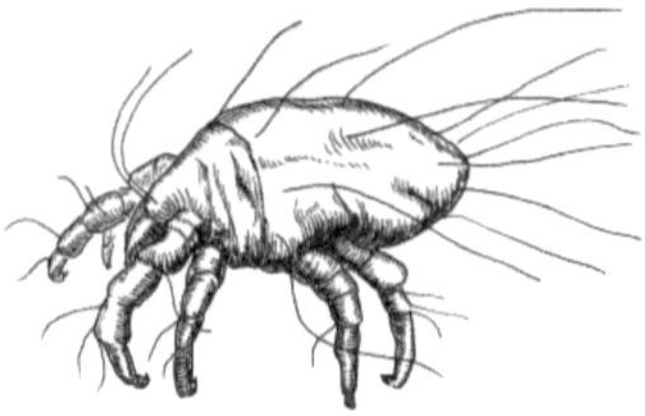

Acarus siro

Diese frechen kleinen Biester (0,33-0,66 mm), die mit bloßem Auge kaum zu erkennen sind, werden absichtlich in einige Käsesorten eingebracht, um ihren Geschmack und ihr Aussehen zu entwickeln. Die französischen Mimolette- und einige alte Vieux Cantal-Käsereien verwenden sie, und wenn man den Käse auf französischen Märkten kauft, kann man die Milben manchmal auf der Oberfläche sehen (ich habe sie mehrmals auf dem Markt von Gignac im Languedoc entdeckt). Sie knabbern an der Rinde und verursachen Veränderungen, die eine interessante Textur hinterlassen, die Schärfe erhöhen und den so wichtigen Eindruck des Alters vermitteln. So wundersam sie im Käse auch sein mögen, in Mehl und Getreide sind sie ein Schädling, der den Landwirten eine Menge Ärger bereitet. Interessanterweise wird für den deutschen Milbenkäse eine andere Milbenart namens *Tyrolichus casei* verwendet.

Geschmack: Es ist unmöglich zu sagen, wonach die Milben selbst schmecken, da sie so winzig sind, aber die Käse, auf denen sie leben, werden scharf und würzig. Im Falle des Vieux Cantal kann man dies mit dem Geschmack von Abwässern eines Bauernhofs vergleichen (auf eine gute Art).
Vorkommen: Sie sind ein Schädling auf der ganzen Welt, aber in Käse werden sie hauptsächlich in Frankreich verwendet.
Lebensraum: Käse.
Risiken: Keine. Es sei denn, Sie sind ein Mensch, der ständig befallenes Essen isst. In diesem Fall kann es zu Darmentzündungen und Durchfall kommen.
Zubereitung: Wenn Sie sie in Ihrem Käse finden, freuen Sie sich. Sie haben ein feines Stück Käse gekauft, das mit Liebe hergestellt wurde. Die Milben müssen nicht entfernt werden und Sie sollten sie einfach essen.

Junikäfer

Amphimallon pini

Ein hübscher kleiner Käfer aus der gleichen Familie wie der Blatthornkäfer (Scarabaeidae), der in der ägyptischen Mythologie die Sonne über den Himmel rollte. Der Name "Junikäfer" gilt eigentlich für eine ganze Reihe von Unterarten, die alle reich an Überlieferungen sind. Sie sind in der Regel etwa 20 mm lang und schlüpfen bei mildem Frühlingswetter als Käfer, nachdem sie etwa drei Jahre lang als weiße Larven unter der Erde geschlummert und Wurzeln gefressen haben. Diese Engerlinge sind aufgrund ihrer pflanzenzerstörenden Fähigkeiten der Fluch der Gärtner im ganzen Land. Während sie in den Baumkronen herumfliegen und nach potenziellen romantischen Begegnungen Ausschau halten, werden sie von Licht angezogen, was erklärt, warum sie sich so hartnäckig an Ihrem Schlafzimmerfenster festsetzen. Aus diesem Grund gelten sie im Allgemeinen nicht als die größten Leuchten; 1922 schrieb F. H. Chittendon, dass die grünen Junikäfer "sich ihrer Gefahr überhaupt nicht bewusst zu sein scheinen und so dumm sind, wie man es den Scarabaeidae im Allgemeinen nachsagt, zumindest wenn sie nicht fliegen".

Geschmack: Buttrig und walnussartig.
Vorkommen: In ganz Südeuropa.
Lebensraum: Sie lieben Rasenflächen, Hecken, allgemein Orte, wo es viel Nahrung gibt.
Risiken: Wie alle Insekten sollten sie vor dem Verzehr gereinigt und gekocht werden.
Zubereitung: Beine und Flügel entfernen, dann nach dem Vorbild der amerikanischen Ureinwohner auf heißen Kohlen rösten.

Eintagsfliege

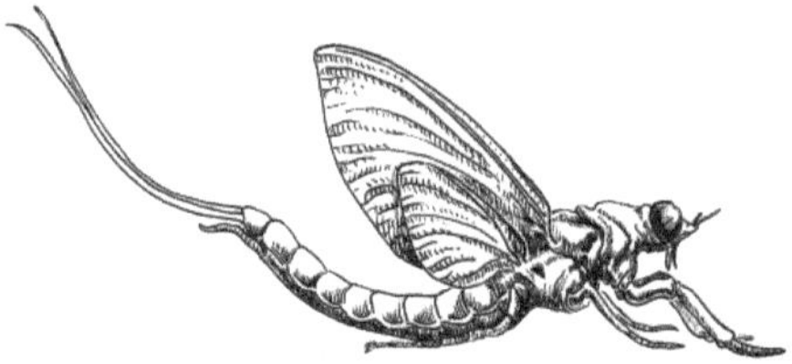

Ephemeroptera

Die Eintagsfliege, auch Maifliege genannt, ist ein uraltes Insekt, das eng mit der Libelle verwandt ist. Sie faszinieren die Menschheit seit langem, vielleicht wegen ihrer Vergänglichkeit: Schwärme von riesigen (13 cm) schlüpfenden Eintagsfliegen sind eine Touristenattraktion in Ungarn, wo ihre Brutaktivitäten als "Theiß- Blüte" bekannt sind; sie steigen aus dem Wasser, um sich zu paaren, nur um wenige Stunden später zu vergehen. Selbst Aristoteles fand Zeit, über die Eintagsfliege zu sprechen, und George Crabbe verglich 1785 ihre flüchtige Existenz mit der von Tageszeitungen:

In shoals the hours their constant numbers bring
Like insects waking to th' advancing spring;

Which take their rise from grubs obscene that lie
In shallow pools, or thence ascend the sky:
Such are these base ephemeras, so born
To die before the next revolving morn.

Diese "obszönen Maden" waren auch eine große Hilfe für Angler, die sie die sie seit langem als Köder verwenden und Kunstköder herstellen, die die ihnen ähneln. Auch in Nordvietnam, Japan und China stehen sie auf der Speisekarte.

Geschmack: Sie haben ein zartes, weiches Aroma und schmecken wie der Strunk eines Grashalms. Allerdings können sie manchmal ein wenig muffig riechen.
Vorkommen: Ganz Südeuropa.
Lebensraum: Als Nymphen findet man sie in Bächen unter Steinen oder in der Nähe von verrottender Vegetation in Teichen. Als Adulte steigen sie in Scharen aus dem aus dem Wasser und fliegen umher.

Zubereitung: Sie können roh verzehrt werden (die Flügel können zum leichteren Verzehr entfernt werden). Wenn Sie viele davon haben, können Sie sie auch zu einer eiweißreichen Masse verarbeiten.

Rote Waldameise

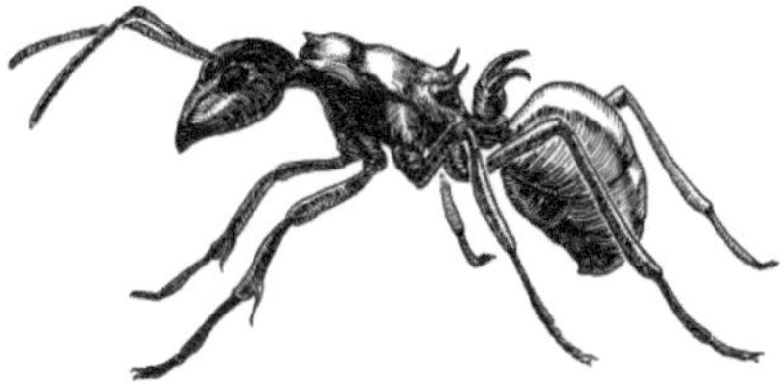

Formica rufa

Ameisensäure ist vielleicht nicht das leckerste Gewürz, mit dem man sein Mittagessen beträufeln kann, aber der herrlich pikante Genuss essbarer Ameisen erregte erstmals die Aufmerksamkeit der Wissenschaft, als sie 1671 von John Ray, einem englischen Naturforscher, gesammelt wurden, um sie zu zerkleinern und ihre Säure zu destillieren. Diese Ameisen sind angriffslustige kleine Kreaturen, die ihre Säure gerne auf Raubtiere und andere Dinge verspritzen, die sie stören. Sie haben auch einen der schmerzhaftesten Bisse der Ameisenfamilie und können bis zu 1 cm lang werden.

Geschmack: Durch den Säuregehalt haben sie einen angenehm sauren, zitrusartigen Geschmack. Dazu gesellt sich die Süße einer ihrer Hauptnahrungsquellen - das Honigtau-Sekret, das sie ernten, indem sie den Rücken ihrer gezüchteten Blattläuse streicheln.
Vorkommen: Im Vereinigten Königreich nicht sehr verbreitet, aber in vielen Gebieten Südeuropas zu finden. **Lebensraum:** Sie bauen ihre Nester gerne in Laubwäldern in der Nähe von Kiefern und verwenden ein natürliches Harz, das von den Bäumen tropft, als eine Art Desinfektionsmittel. Ihre Nester können bis zu mehreren Metern hoch sein.
Risiken: Sie können beißen und ätzende Säure verspritzen, sind aber gut zu essen, wenn sie gekocht werden.
Zubereitung: Können roh gegessen werden, aber vielleicht am besten geröstet oder gebraten.

Weinbergschnecke

Helix pomatia

Schnecken sind so weit von der Welt der Insekten entfernt, dass sie in einem anderen taxonomischen Sonnensystem leben: dem der Gastropoda. Aber ich habe die schöne Helix pomatia mit aufgenommen, denn wenn Sie mutig genug für die Entomophagie sind, werden Sie auch die Gastropophagie gut verkraften (oder Sie sind ein Gärtner, der auf Rache aus ist). Diese Schnecken erreichen eine Spitzengeschwindigkeit von etwa 1,3 cm/Sekunde und legen überraschend große Eier (die als "Schneckenkaviar" gegessen werden können), aus denen nach drei bis vier Wochen die niedlichsten winzigen durchsichtigen Babyschnecken mit weichen Schalen schlüpfen. Sie sind in weiten Teilen Europas verbreitet, dürfen aber in England, wo sie unter Artenschutz stehen, nicht in freier Wildbahn gesammelt[17] oder getötet werden, sondern müssen gezüchtet werden. Wie alle Landschnecken haben sie vier Tentakel am Kopf; die beiden längsten haben sehr einfache Augen und alle vier sind mit Geschmacksknospen bedeckt. Die Tentakel haben die wundersame Fähigkeit, sich zurückzuziehen und sich zum Schutz wie ein Gummihandschuh nach innen zu stülpen.

So gut wie jede Schnecke ist essbar, wenn man ein paar Vorsichtsmaßnahmen trifft. Der Schleim, den sie bilden, verlangsamt den Feuchtigkeitsverlust der Schnecke, aber das sollte Sie nicht davon abhalten, sie zu sammeln. Der Schleim von Nacktschnecken ist übrigens viel dicker, was es unmöglich macht, sie in einen anständigen Snack zu verwandeln. Glauben Sie mir: Ich habe es versucht.

Geschmack: Schnecken sind ein solides Stück saftiges Eiweiß, ähnlich wie eine zerkochte Muschel mit einer zusätzlichen erdigen Note. Lang und langsam gekocht sind sie zart genug, aber Vorsicht - ein kürzeres Kochen hinterlässt einen gummiartigen Klumpen, der Ihrer Geschmacksrezeptoren nicht würdig ist.

---

[17] Gleiches gilt auf für Deutschland (Anm. d. Übers.)

Vorkommen: Gesammelt und gegessen in ganz Europa, vor allem in Frankreich, wo jährlich 700 Millionen von ihnen auf den Tellern landen, zubereitet in zahlreichen schmackhaften regionalen Rezepten. Denken Sie daran: Es ist illegal, sie in England zu fangen oder zu töten.
Lebensraum: Sehr weit verbreitet: Gärten, Kanäle, Flüsse, Wälder, offene Landschaften.
Risiken: Schnecken müssen vor dem Verzehr gesäubert werden, um sie von Giftstoffen, Schneckenkorn oder anderen schädlichen Substanzen zu befreien. Wie bei Fliegen weiß man auch hier nicht, wo sie gewesen sind, also Vorsicht.
Zubereitung: Halten Sie sie etwa eine Woche lang in einer Kiste und füttern Sie sie mit frischem Salat oder Gemüse. In den letzten zwei bis drei Tagen das Futter herausnehmen und sie dann etwa zwei Stunden lang kochen, bis sie weich sind. Kräuterbutter und Petersilie nach Wahl.

Klippenassel

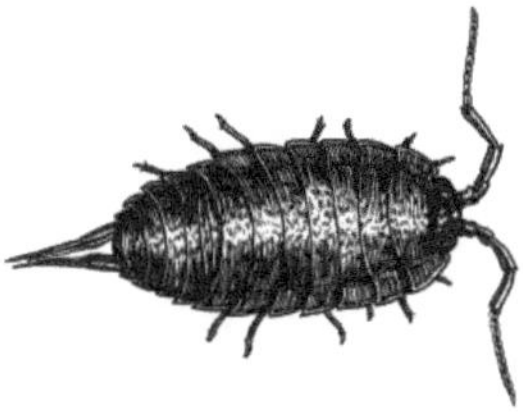

Ligia oceanica

Dies ist eigentlich kein Insekt, sondern ein fabelhafter Verwandter der Kellerassel, der in gemäßigten Gewässern lebt und bis zu 30 mm lang wird. Sie ist ein unauffälliger Allesfresser, der Seetang, Algen und so ziemlich jeden organischen Dreck frisst, den sie findet und der in ihr Maul passt. Obwohl sie nachtaktiv sind, hat jeder, der schon einmal die Küste erkundet hat, sie schon einmal gesehen und gestört. Sie finden sie, wenn sie die Küste durchstreifen, über Felsen klettern und in Felstümpeln nach Garnelen und Krabben suchen, aber sie werden auch häufig ignoriert. Das ist eine Schande, denn sie sind ein großartiges Nahrungsmittel. Sammeln Sie sie zusammen mit Ihren Krabben, Muscheln und anderen Leckerbissen am Ufer und pochieren Sie sie zusammen in Meerwasser.

Geschmack: Garnelenartig: süßes, umami-reiches Fleisch.
Vorkommen: So gut wie alle gemäßigten Gewässer - in ganz Europa bis hinunter zum Mittelmeer und an der Atlantikküste der USA.

Lebensraum: Felsige Meeresufer, Tümpel, unter Felsen und in Ritzen.
Risiken: Keine bekannt.
Zubereitung: Kochen oder dämpfen und zu einem Klippenassel-Cocktail (wie ein Garnelencocktail) verarbeiten.

Klippenassel Fritter

(Snack für 4 Personen)

Zutaten:
100 g einfaches Mehl
1 Eigelb
50 ml eiskaltes Wasser
1 große Zucchini, gerieben
1 Schalotte, in dünne Scheiben geschnitten
50 g Klippenasseln (oder so viele, wie Sie sammeln können), blanchiert
100 ml Pflanzenöl (oder genug, um eine 1 cm tiefe Lache in der Pfanne zu bilden)

Zubereitung:

- Das Mehl in eine große Schüssel geben und das Ei und das Wasser untermischen (es sollte die Konsistenz eines dicken Pfannkuchens haben, also bei Bedarf mehr Wasser hinzufügen), dann leicht würzen.
- Die Zucchini und die Schalotten mit einer Prise Salz zum Teig geben, dann die Klippenasseln hinzufügen. Zu mehreren, etwa eiergroßen großen Patties formen. Zu kleinen Frittern zerdrücken.
- Auf beiden Seiten goldbraun braten und durchgaren.
- Mit gehackter Petersilie und einem Spritzer Zitrone servieren.

Europäische Gottesanbeterin

Mantis religiosa

Die Gottesanbeterin ist im Laufe der Jahre berüchtigt geworden, vielleicht wegen der Paarungsgewohnheiten der Weibchen (sie fressen gelegentlich den Kopf des Männchens nach oder sogar während des Geschlechtsverkehrs) und des Anthropomorphismus, mit dem wir sie aufgrund ihrer fromm aufgerichteten Vorderbeine belegen. Zu ihren leicht gruseligen Eigenheiten kommt die unheimliche Fähigkeit, ihren Kopf um 180 Grad drehen zu können, um ihre Umgebung nach Bewegungen abzusuchen. Sie haben ein gutes Sehvermögen, aber nur ein Ohr, das sich auf ihrem Bauch direkt vor den Hinterbeinen befindet. Die Gottesanbeterinnen legen ihre Eier in einem schützenden Sack[18] ab, aus dem im Frühjahr eine Fülle winziger, perfekt geformter Gottesanbeterinnen hervorbrechen. Interessanterweise scheinen die Weibchen die Männchen unter Laborbedingungen häufiger zu fressen - vielleicht aus Langeweile? Sie neigen auch dazu, ihre Partner vor der Paarung zu enthaupten. Nennen Sie mich altmodisch, aber das ist ein bisschen gruselig.

Geschmack: Leicht pilz- und garnelenartig.
Vorkommen: Weltweit in gemäßigten und tropischen Klimazonen verbreitet.
Lebensraum: Auf Blättern, Ästen - überall dort, wo sie Beute finden können.
Risiken: Keine bekannt.
Zubereitung: Die Beine entfernen und braten.

---

[18] Der sog. Oothek oder Eipaket. (Anm. d. Übers.)

Schinkenfliegenlarven

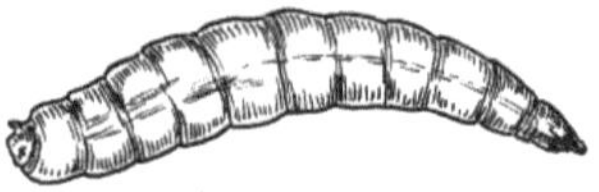

Piophila casei[19]

Diese Fliege ist nur 4 mm lang, aber genau wie ich mag sie Fleisch, Fisch und Käse. Im Gegensatz zu mir legt sie ihre Eier jedoch gerne zwischen all diesen Lebensmitteln ab. In den meisten Fällen ist dies ein unerwünschtes Eindringen, aber auf Sardinien und Korsika werden die Larven der Schinkenfliege absichtlich eingesetzt, um die Zersetzung des Käses und die Entwicklung seines Geschmacks zu fördern. Der Käse heißt auf Sardinien "*casu marzu*" und auf Korsika "*casgiu merzu*" und wird je nach Neigung zu kulinarischen Abenteuern verehrt oder gemieden. Die Maden haben die außergewöhnliche Fähigkeit zu springen, daher auch ihre Spitznamen "Speckspringer" und "Käsehüpfer". Sie tun dies, indem sie sich zusammenrollen und an ihrem Hinterteil festhalten, ihre Muskeln anspannen, um den inneren Blutdruck zu erhöhen, und dann ihr Hinterteil loslassen. Wenn der Druck nachlässt, richtet sich der Körper fast augenblicklich auf und schleudert die Made, bis zu 15 cm in die Luft. Nun ja, jeder braucht so etwas, nicht wahr?

Geschmack: Der Käse, den sie herstellen, ist ausgesprochen scharf. Casu marzu hat einen sauren, adstringierenden Geschmack und einen überwältigenden Geruch nach Ammoniak. Die Zersetzung führt zu einer extremen Gärung und einer Zersetzung der Milchfette, so dass Flüssigkeit aus dem Käse austritt. Wenn Sie nicht zu den Hartgesottenen gehören, ist es vielleicht ein Abenteuer, das Sie nur einmal genießen sollten, gefolgt von einem sehr großen Glas Wein und einem herzlichen Schulterklopfen.
Vorkommen: Sardinien (Italien) und Korsika (Frankreich).
Lebensraum: Piophila casei ist in fast allen Teilen der Welt verbreitet.
Risiken: Wenn Sie den Käse vertragen, vertragen Sie auch die Maden.

[19] Im Englischen hat die Fliege den Namen „Cheese fly“, während im Deutschen die Übergeordnete Art „Piophilidae“ als Käsefliege bezeichnet wird. (Anm. d. Übers.)

Lichtscheue Bodentermite

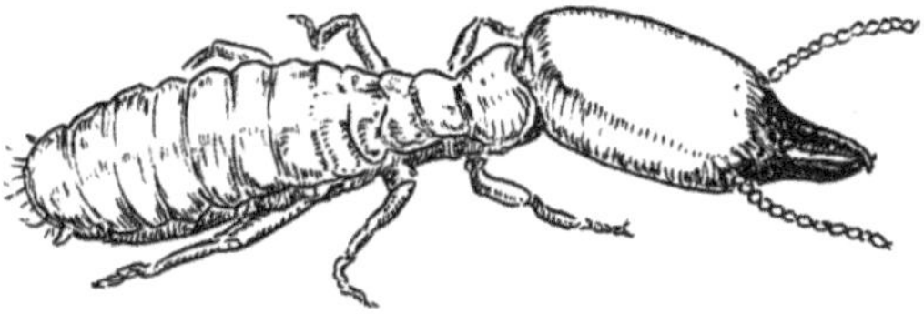

Reticulitermes lucifugus

Im Gegensatz zu den meisten Insekten sind Termiten für einen großen Teil der weltweiten Methan- und CO2-Emissionen verantwortlich: 4 % des Ersteren und 2 % des Letzteren. Diese besonders hässliche Unterart ist in Südfrankreich weit verbreitet. Die Kolonien der Termiten sind hervorragend organisiert, mit einer komplexen Hierarchie von Arbeitern bis hin zu Soldaten und Königinnen, die in riesigen Populationen von vielen Tausend zusammenleben. Die unfruchtbaren Arbeiter und Arbeiterinnen haben die Aufgabe, Nahrung zu jagen und zu fressen (oft schönes, trockenes Holz, das man sonst gut zum Stützen des Hauses gebrauchen könnte); die Früchte ihrer Arbeit spucken sie dann für die höheren Kasten aus. Köstlich! Die Soldaten haben bösartige Zangen am Kopf, mit denen sie eindringende Ameisen zerquetschen, und die Königinnen und fliegenden Arten haben die beneidenswerte Aufgabe, sich hektisch und konzentriert fortzupflanzen. Die Ernährungsgewohnheiten der Termiten ist jedoch weltweit ein großes Problem, so dass die Termitenbekämpfung die US-Wirtschaft bis zu zwei Milliarden Dollar pro Jahr kostet (obwohl die Termitenschäden nur eine halbe Milliarde Dollar pro Jahr ausmachen). In Malaysia hat die Philosophie "Wenn du sie nicht besiegen kannst, iss sie" zu dem Trend geführt, die zwei Zentimeter langen Termitenköniginnen in Reiswein getunkt zu verspeisen.

Geschmack: Außen hart und knusprig, innen weich und cremig, erinnert leicht an Mandeln. Rohe Termiten können wie gebratene Whitebait[20] und Haselnüsse schmecken.
Vorkommen: In den letzten Jahren sind sie bis nach Devon vorgedrungen, aber im Allgemeinen fühlen sie sich in Frankreich und weiter südlich am wohlsten.
Lebensraum: Alte, trockene Hölzer und Bäume.

---

[20] Fischgericht aus Neuseeland, hergestellt aus kleinsten Jungfischen verschiedener Arten (Anm. d. Übers.)

Gefahren: Solange sie richtig gekocht werden, sollten sie für abenteuerlustige Esser keine hygienischen Probleme darstellen.
Zubereitung: Ähnlich wie Ameisen lassen sie sich am besten frittieren oder mit etwas Salz und Öl rösten. Sie sind vielseitig einsetzbar - auf der Website von Florida Pest Control gibt es sogar ein Rezept für eine Termiten-Reis-Suppe.

Afrika

Afrika ist eine Fundgrube für ungewöhnliche Insektenprodukte, vom Kunga-Kuchen (der aus Tausenden von Büschelmücken hergestellt wird) bis zum außergewöhnlichen afrikanische Hirsewanze/Sorghumwanzen-Öl-gemisch, das als Biodiesel für Ihr Auto verwendet werden kann. Aber der Kontinent ist wahrscheinlich am berühmtesten für Mopanewürmer und Palmrüssler[21]; Mopanewürmer wegen des schieren Ausmaßes der Ernte, und Palmrüssler, weil ... nun, der Tag, an dem Sie Ihre erste Tüte Palmrüssler (auch bekannt als Sagowurm) kaufen, ist der Tag, an dem Sie Ihre insektenfressenden Sporen verdienen. Versenken Sie Ihre Zähne in einen und Sie haben den entomophagen Rubikon überschritten. Diese Biester sind alles, was der schüchterne Esser fürchtet: groß, fremd, unbekannt, ungewohnt und hässlich.

Aber das gilt auch für einen Hummer, und genau darin liegt der Zauber. Denn wenn man erst einmal die Entomophobie überwunden hat (was zugegebenermaßen ein paar Anläufe braucht), können diese unheimlichen und ungewöhnlichen Biester, wenn sie gut zubereitet werden, absolut fantastisch schmecken. Ähnlich verhält es sich mit den Augäpfeln des Schafes. Sie haben einen ähnlichen Geschmack und eine ähnliche Konsistenz wie Gänseleber, aber ihr Ruf wird durch die schiere Abscheu der meisten Menschen gelähmt. Vielleicht muss man sich an den Geschmack und das Zappeln des Palmrüsslers erst einmal gewöhnen, um ihn zu genießen.

Im Allgemeinen sind in Afrika weniger verschiedene Arten auf den Märkten einzelner Länder erhältlich als in Asien, aber die Nahrungssuche hat ein solches Ausmaß, dass die schiere Anzahl der verzehrten Arten enorm ist – 524 einzelne Arten in 36 Ländern, das sind 30 % der weltweiten Gesamtmenge.

[21] Im Deutschen genaugenommen der „Rote Palmrüssler“ (Rhynchophorus ferrugineus) (Anm. d. Übers.)

5 Gegenwärtige und potenzielle Verwendung von Insekten als Tierfutter

Afrika hat ein riesiges, ungenutztes globales Handelspotenzial. Ein kleiner Weg zum Wohlstand könnte darin bestehen, den natürlichen Reichtum an Insekten als Tierfutter zu vermarkten - warum auch nicht? Viele davon sind bereits zugelassen, und es handelt sich um einen aufstrebenden Markt, von dem viele Entwicklungsländer profitieren könnten, um die Belastung durch die Verwendung von Fisch und tierischem Eiweiß für Nutztiere zu verringern:

1. **Schwarze Soldatenfliegen.** Hühner-/Schweine-/Pferdefutter.
2. **Gewöhnliche Stubenfliegenlarven oder "Maden".** Hühnerfutter.
3. **Seidenraupen.** Hühnerfutter.
4. **Mehlwürmer.** Bereits als Hühnerfutter verwendet.
5. **Wilde Termiten.** Fischköder.

MelonenKäfer

Aspongopus viduatus
Auch die Sorghumwanze Agonoscelis pubescens

Sowohl die Melonenkäfer[22] als auch die Sorghumwanze sind im Sudan beheimatet. Sie gelten als Schädlinge, bieten dem Menschen aber eine bizarre und wunderbare Ressource. Wenn die 20 mm langen erwachsenen Melonenkäfer in heißem Wasser eingeweicht werden, geben sie ein nahrhaftes Öl namens um-buga ab, das als Nahrungsmittel und als Medizin zur Behandlung von Hautverletzungen verwendet wird (es hat eine hohe antibakterielle Wirkung). Es hat eine ähnliche Farbe wie Sonnenblumenöl und ist über lange Zeiträume hinweg stabil (es wird nicht ranzig wie viele tierische Fette). Im fernen Namibia werden dieselben erwachsenen Wanzen zu Pulver gemahlen und als Gewürz verwendet. Im Sudan wird die Sorghumwanze ebenfalls als Nahrungsmittel verwendet und gepresst; sie enthält satte 60 % gelbliches Öl (im Gegensatz zu 45 % rötlichem Öl der Melonen Wanze). Diese Insektenöle sind Gegenstand zahlreicher seriöser Forschungsarbeiten, darunter auch vielversprechende Arbeiten über ihre Verwendung als Biodiesel.

Geschmack: Ein angenehmes, sauberes, süßes Öl.
Vorkommen: Sudan.
Lebensraum: Befall von Wassermelone und Sorghum.
Risiken: Keine bekannt.
Zubereitung: Melonenkäfer in heißem Wasser einweichen und pressen. Das Öl sollte an die Oberfläche steigen. Ähnlich verhält es sich, wenn Sie die ausgewachsene Sorghumwanze in Wasser auspressen: Sie setzt Öl frei, das aufgefangen und abgetrennt werden kann, wenn die Öle nach oben steigen.

[22] Im Deutschen gibt es keine bekannte Bezeichnung, im Englischen „Melon bug" genannt. (Anm. d. Übers.)

Prachtkäfer

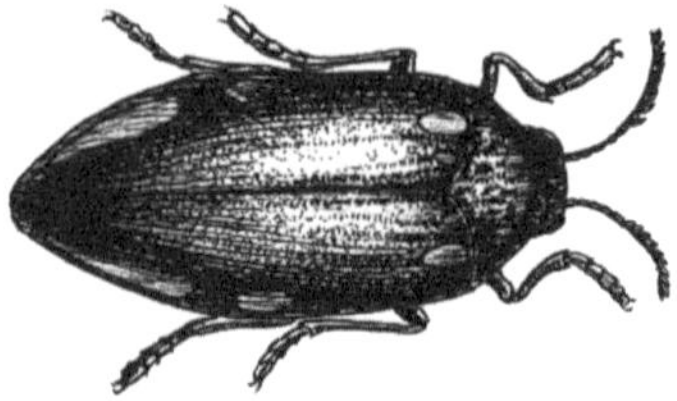

Buprestidae

Die riesige Familie der Buprestidae, die zu den schönsten essbaren Insekten der Welt gehört, umfasst 15 000 Arten, die auf mehreren Kontinenten für das Schillern ihrer Flügeldecken bekannt sind und ein breites Spektrum an Farben und Mustern aufweisen. In Ostasien werden die Käfer ausschließlich zur Dekoration von Kleidung und Schmuck gezüchtet, aber in Afrika gelten sie in vielen Gemeinschaften als nahrhafte und leicht zugängliche Nahrungsquelle.

Da sie nicht gerade zu den intelligentesten Insekten gehören, täuschen sie ihren Tod vor, wenn sie aus ihrem Verstecken in den Bäumen geschüttelt werden, und sind daher eine leichte Beute für Insektenfänger. Sobald sie gefangen sind, werden ihre Köpfe und Gliedmaßen entfernt und sie werden geröstet. Die Larven vieler Buprestidae-Arten (z. B. des Riesenprachtkäfers) werden auf ähnliche Weise verzehrt. Ein mit Eiern gefülltes Käferweibchen gilt in der Kalahari als besonders schmackhafte Delikatesse.

Geschmack: Wenn sie gebraten werden, schmeckt ihr fleischiges Inneres wie Wildbret. Einheimische sagen, der Geschmack sei ähnlich wie der der Elenantilope.
Vorkommen: Simbabwe, Südafrika, Botswana, Kamerun.
Lebensraum: Eine breite Palette von Lebensräumen, von Grasland bis zu Wäldern.
Risiken: Sie müssen ausgepresst werden, um die Exkremente zu entfernen, die einen unangenehmen Geschmack haben.
Zubereitung: Die Flügel müssen zusammen mit dem Darm entfernt werden, dann werden sie kurz in Asche und heißem Sand geröstet. Zu Hause können Sie sie über den weißen Kohlen eines sterbenden Kohlefeuers garen, um einen ähnlichen Effekt zu erzielen.

Büschelmücken

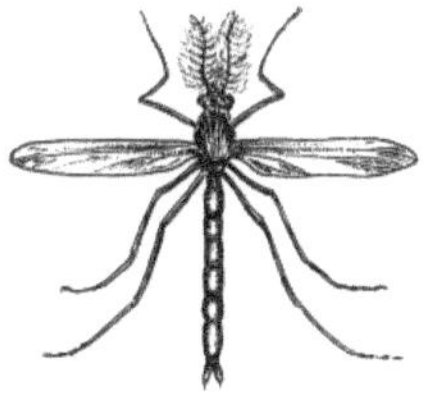

Chaoborus edulis

In Zentral- und Ostafrika sieht man oft riesige Mückenschwärme über den Seen, die im Einklang mit dem Mondzyklus auftauchen und von der Uferbeleuchtung angezogen werden. Sie leben nur wenige Stunden, die sie damit verbringen, sich rasend zu vermehren und Eier zu legen. Rund um den Nyassa-See (zwischen Malawi, Tansania und Mosambik) werden diese Schwärme als Kunga bezeichnet. Sie werden mit Netzen oder ölbenetzten Schalen geerntet und zu dichten, protein-, eisen- und kalziumreichen Mückenbällchen gepresst, den sogenannten Kunga-Fladen. Die Fladen können zu kleinen Burgern verarbeitet oder getrocknet werden, um sie in Eintöpfe zu bröseln. Einer dieser Fladen befindet sich derzeit einsam und ungegessen im Londoner Naturkundemuseum.

Geschmack: Muffig und moorig, aber mit einer starken würzigen Note.
Vorkommen: Uganda, Tansania und Malawi.
Lebensraum: Sie halten sich häufig in der Nähe von Seen auf.
Risiken: Keine.
Zubereitung: Die Fladen werden getrocknet und dann mit Tomaten, Zwiebeln, Öl und Nusspaste gekocht.

Kunga Burger

Zutaten:

Genug Seefliegen oder Mücken für einen Burger
Etwa ¼ Zwiebel pro Burger
½ Knoblauchzehe, zerdrückt
Gewürze
Einfaches Mehl zum Bestreuen
Öl zum Braten

Zubereitung:

- Mischen Sie die Fliegen mit einem Spritzer Öl und rühren Sie, bis sie eine pastetenartige Konsistenz haben.
- Die Zwiebel in die Mischung reiben, den Knoblauch und die Gewürze nach Geschmack hinzufügen und zu 1 cm dicken Patties formen.
- Mit etwas Mehl bestreuen. Braten Sie die Patties bei starker Hitze in reichlich Öl etwa vier bis fünf Minuten auf jeder Seite. Prüfen Sie, ob sie ganz durchgebraten sind, bevor Sie sie in einem weichen Brötchen mit Ketchup, einer Tomatenscheibe und einem knackigen Salatblatt servieren.

Kaisermotten-Raupen (Kanni)

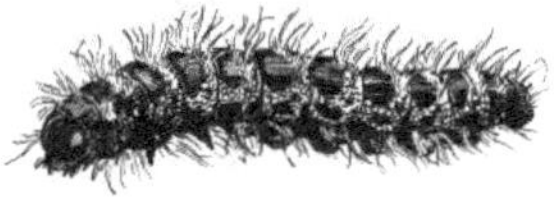

Cirina forda

Diese auffallend stachelige Larve, die in der afrikanischen Küche sehr beliebt ist, gehört zu den hübschesten essbaren Raupen. Sie wird traditionell von Frauen und jungen Mädchen in Mittel- und Westafrika geerntet und auf den Märkten verkauft, die damit die Versuche der Raupen, sich in Schmetterlinge zu verwandeln, im letzten Moment vereiteln, wenn diese von den Sheabäumen auf den Boden klettern, um die Metamorphose zu beginnen. Die Raupen sind sehr nahrhaft und enthalten einen hohen Anteil an Proteinen und Vitaminen.

Geschmack: Je nach Zubereitungsart, aber geröstet schmecken sie wie frische Haselnüsse.
Vorkommen: Nigeria, Sambia, Simbabwe und die Demokratische Republik Kongo.
Lebensraum: Sandiger, weicher Boden rund um die Wirtspflanze.
Gefahren: Keine bekannt.
Zubereitung: Sie werden während der Regenzeit von Juli bis September geerntet, dann in kochendem Wasser eingeweicht und vor dem Braten gesalzen. In Nigeria werden sie oft in einer reichhaltigen Gemüsesuppe verwendet.

Echte Sackträger

Mehrere Arten sind essbar, insbesondere Deborrea malgassa

Echte Sackträger sind stubenreine kleine Kreaturen, die sich kleine "Taschen" bauen, um sich zu verstecken: außergewöhnliche Gehäuse aus Seide, Blättern, Zweigen und Sand. Obwohl sie aufgrund der Schäden, die sie an

Orangenbäumen- und Acaciasträuchern[23] verursachen, als Schädlinge angesehen werden können, gelten einige Echte Sackträger-Arten in der Zentralafrikanischen Republik und der Demokratischen Republik Kongo als essbar. In Madagaskar gilt eine bestimmte Art, die dort als Fangalabola bekannt ist, als Delikatesse. Es handelt sich um eine einheimische Spezies des Echten Sackträgers, die dazu gebracht wird, sich auf Acaciasträuchern zu vermehren, damit ihre Puppen geerntet werden können. Die von ihnen gebauten Beutel sind 35- 55 mm lang, und sie scheinen den Baum Acacia dealbata zu bevorzugen.

Geschmack: Knusprige Textur und saftige Innereien mit einem unverfälschten, hähnchenähnlichen Eiweißgeschmack.
Vorkommen: Madagaskar.
Lebensraum: Wälder.
Risiken: Keine bekannt.
Zubereitung: Puppen sammeln und waschen, dann in der Glut eines Feuers oder in den letzten heißen Kohlen eines Grills rösten.

Mopane-Wurm

Gonimbrasia belina

Mopane-Würmer sind in vielen Teilen des südlichen Afrikas ein äußerst wichtiges Nahrungsmittel. Eigentlich sind sie Raupen, die darauf warten, sich in Schmetterlinge zu verwandeln, und haben ihren Namen von dem Mopane-Baum, auf dem sie normalerweise zu finden ist. Sie liefern Millionen von Menschen in Simbabwe, Botswana, Namibia, Südafrika und darüber hinaus wertvolle Nahrung (u. a. einen höheren Proteingehalt als Rindfleisch) und werden je nach Region des Kontinents als Buschfleisch oder Delikatesse betrachtet. Sie sind von wirtschaftlicher Bedeutung, insbesondere für die Pflücker in ländlichen Gebieten, die mit dem Sammeln und Verarbeiten Geld verdienen können. Die Würmer werden ausgenommen,

[23] Hier handelt es sich um Acacia Mill. s. str, die hauptsächlich in Australien, aber auch mit ein oder zwei Arten auf Madagaskar vertreten ist (Anm. d. Übers.).

geröstet (um die Stacheln zu entfernen) und getrocknet, so dass sie das ganze Jahr über sowohl eine stabile Protein- als auch eine Einkommensquelle darstellen. Die Möglichkeit, sie als getrocknete Ware zu handeln, macht die Ernte so attraktiv, dass sie Menschen aus Hunderten von Kilometern Entfernung in die Mopanewälder lockt; man geht davon aus, dass im südlichen Afrika jährlich 9,5 Milliarden Raupen geerntet werden. Die Kehrseite der Medaille ist, dass die Populationen des Mopane-Wurms in einigen Gebieten durch Überernte bedroht sind und in Simbabwe zeitweise stark dezimiert wurden.

Geschmack: Getrocknet verzehrt sind sie fast geschmacklos, aber dennoch sehr eiweißhaltig. Rehydriert und in Lebensmitteln verwendet, haben sie einen starken, proteinreichen Fleischgeschmack. Gelegentlich schmecken sie auch etwas muffig.
Vorkommen: Im gesamten südlichen Afrika von Botswana bis zur Demokratischen Republik Kongo verbreitet.
Lebensraum: Die Raupen leben in Bäumen und Gebüschen und werden heute in großem Umfang geerntet.
Risiken: Keine bekannt.
Zubereitung: Da sie nur zu bestimmten Zeiten des Jahres erhältlich sind, werden sie oft konserviert und sind sonnengetrocknet als knuspriger Snack erhältlich. Alternativ können sie auch geräuchert werden, was den Geschmack verstärkt. Sie werden in Dosen verkauft und in einer Tomaten-Zwiebelsauce mit Maisbrei gegessen. Frisch werden sie wie Zahnpasta aus ihrer harten Schale gepresst und ihre grünen Eingeweide werden sorgfältig entfernt.

Kongolesisches Mopane-Wurm Curry

Zutaten:

50-100 g getrocknete Mopanewürmer
2 Zwiebeln, fein gehackt
Einen Spritzer Öl
1 Teelöffel Kurkuma
3 rote Chilis
4 Knoblauchzehen
1 Esslöffel fein gehackter Ingwer
1 Dose gehackte Tomaten
200 g Okra

Zubereitung:

- Weichen Sie die Würmer mindestens vier Stunden lang in Wasser ein, um sie zu rehydrieren.
- Die Zwiebeln in etwas Öl leicht anbraten, bis sie glasig sind (etwa 10 Minuten).
- Kurkuma, die in Scheiben geschnittenen Chilis, Knoblauch und Ingwer hinzugeben und kochen, bis sie duften (normalerweise etwa eine Minute).
- Die gehackten Tomaten und die Okra hinzufügen und 20 Minuten köcheln lassen.
- Die abgetropften Würmer dazugeben und kochen, bis sie weich, aber noch etwas knackig sind.
- Mit Bugali (Maismehlbrei) oder Fufu (Süßkartoffel/Plantane/Kassava Maische) servieren.

Madagaskar-Fauchschabe

Gromphadorhina portentosa

Die arme, verleumdete Kakerlake scheint überall eine schlechte Presse zu haben, außer in Madagaskar, wo die Ankündigung dieser (eigentlich sehr sauberen) Insekten mit dem Wetzen von Besteck gefeiert wird. Sie ist die einzige Gruppe von Schaben, die zischen kann, indem sie Luft aus angepassten Atemlöchern an den Seiten ihres Körpers ausstößt. Sie nutzen diese Eigenart in der sozialen Interaktion, entweder um Partner anzulocken oder (im Falle der Männchen) um rivalisierende Schaben in epischen Kämpfen mit ihren Hörnern und Bäuchen einzuschüchtern. Seltsamerweise haben sie in einer Vielzahl von Filmen mitgespielt, von Men in Black bis Team America, meist in einer eher schändlichen als köstlichen Rolle. Aber warum? Nun, ich bin ein ziemlich abenteuerlustiger Entomane, der von den meisten Krabbeltieren unbeeindruckt ist, aber ich muss zugeben, dass ich diese kleinen Biester furchterregend finde. Ich weiß nicht warum, aber wenn ich sie in die Hand nehme und sie ihren Körper krümmen und zischen, bekomme ich weiche Knie. Besser auf meinem Teller als in meinen Händen.

Geschmack: Wie Hühnchen, aber mit extra Biss.
Vorkommen: Madagaskar.
Lebensraum: Waldböden.
Risiken: Kakerlaken geben im rohen Zustand ein leichtes Nervengift ab, das den Mund betäubt und das Kauen verlangsamt, sind aber harmlos, wenn sie richtig gekocht werden.
Zubereitung: Waschen, trocknen und rösten.

Larven des Roten Palmrüsslers

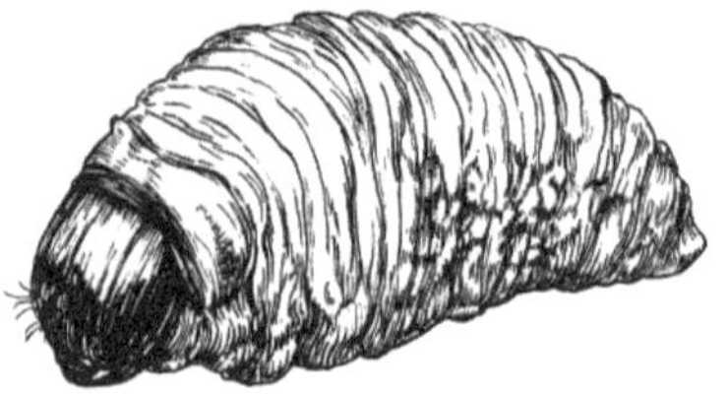

Rhynchophorus ferrugineus

Hierbei geht es um die Larve des Roten Palmrüsslers, der auch als Sagowurm bekannt ist. Es handelt sich um eine Art von Rüsselkäferlarven, die die Palmen verwüsten (und damit zum Erzfeind der Palmölindustrie werden). Ich begegnete ihnen zum ersten Mal in einer Imbissbude vor einem Bahnhof in Kamerun, wo die köstlich mürrische Frau hinter dem Grill eine Plastiktragetasche voll von ihnen in eine heiße, trockene Pfanne schüttete, und sie kochten und zischten und zappelten eine Zeit lang. Als sie nicht mehr zappelten, spießte sie sie auf und warf sie auf einen Teller vor mir, zusammen mit einem warmen Glas süßen Guinness, während ich versuchte, herauszufinden, ob ich mich im kulinarischen Himmel oder in der Hölle befand. Die Larven sind lang: meist etwa 5-6 cm (gelegentlich auch größer), und sie ernähren sich mit Vorliebe von den weichen Fasern im Inneren der Palmen. Das Weibchen des Palmrüsslers kann 300-500 Eier auf einmal legen und diese mit bemerkenswerter Kraft in das Fleisch der Palme pressen (und kann sie sogar in das Zuckerrohr schieben, das außerordentlich zäh ist). Interessanterweise fressen die Larven auch gerne Bananen.

Geschmack: Bauchig, matschig (aufgrund ihres hohen Fettgehalts) und cremig, mit einem reichhaltigen Unterbau an Umami-Geschmack. Wenn sie gut gesalzen sind, schmecken sie fast wie Speck, mit einem ähnlich berauschenden Geschmack.
Vorkommen: Heiße Länder weltweit. Diese Larven haben sich bis zum Mittelmeer verbreitet und werden vielerorts gegessen, insbesondere in Zentralafrika, Indonesien und Papua-Neuguinea.
Lebensraum: Fällen Sie Ihre verrottende Palme (und gelegentlich auch Bananenstaude, Zuckerrohr, Apfelbaum oder Kürbis) und hacken Sie die zerfallenden Innereien heraus, um diese Schädlinge zu finden, nachdem sie das Innere zerstört haben.
Gefahren: Keine, wenn sie gut gekocht werden.

Zubereitung: In frischem Wasser waschen, dann trocken braten oder über Holzkohle grillen.

Nsenene-Laubheuschrecken

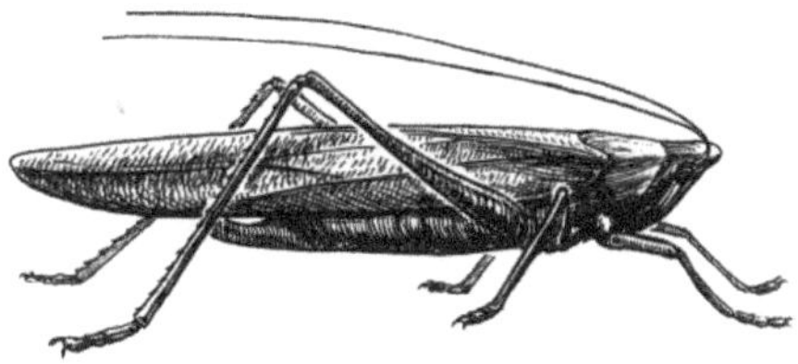

Ruspolia baileyi und andere aus der Familie der Tettigoniidae

In Uganda sind *nsenene* seit Jahrhunderten ein sehr beliebter Snack, der zweimal im Jahr während der Regenzeit gegessen wird. Traditionell wurden sie von den Frauen und Kindern geerntet und dann mit den Ehemännern gegen ein neues Kleid getauscht. Heutzutage sind Laubheuschrecken (auch Katydiden oder Buschgrillen genannt) eine wichtige Einnahmequelle für die Sammler, die sie mit Glühbirnen, Netzen und sogar mit ihren Händen anlocken bzw. fangen. Wenn man sie auf dem Markt kauft, sehen sie seltsamerweise nicht wie Heuschrecken aus, sondern eher wie Garnelen, da ihnen die Flügel und Beine entfernt wurden. Am besten genießt man sie mit einem kühlen ugandischen Bier oder einem süßen nigerianischen Guinness. In Kenia werden die gleichen Heuschrecken direkt ins Feuer geworfen, in der Hoffnung, dass der Rauch die Geister vertreibt.

Geschmack: Ähnlich wie knusprig gebratenes Hähnchen.
Vorkommen: Uganda.
Lebensraum: Felder und Grasland, aber in der Regenzeit in Uganda, wo zweimal im Jahr, im Mai und im November, Hochsaison für die Heuschreckenernte ist, ziemlich überall.
Risiken: Keine, wenn sie gründlich gekocht und die Beine entfernt werden - die Beine sind ziemlich kratzig und können zum Ersticken führen.
Zubereitung: Nach dem Abtrennen der Beine und Flügel können sie auf verschiedene Arten zubereitet werden, vom Braten bis zum Rösten.

Ndoko

Strigocossus capensis (auch als Xyleutes capensis bezeichnet)

Strigocossus capensis ist eine Mottenart, die im zentralen und südlichen Afrika vorkommt und ihre Eier unter anderem in Cassia- und Rizinussträuchern ablegt. Sie gehört zur gleichen Familie, Cossidae, wie die Witchetty-Made und ist besonders interessant, weil sie sowohl ein Schädling als auch eine Delikatesse ist. Es gibt Hinweise darauf, dass sie semikultiviert werden könnte: Cassia-Plantagen, in denen es Probleme mit dem Befall gab, könnten zu Nahrungsmittelproduktionsstätten umgewidmet werden, wobei die Bäume für einen besseren Ertrag an essbaren Raupen geopfert würden. Die Raupen sind relativ unbehaart und brauchen bis zu drei Jahre, um zu reifen und sich zu verpuppen.

Geschmack: Geröstet sind sie gehaltvoll und fleischig.
Vorkommen: Obwohl sie im gesamten zentralen und südlichen Afrika vorkommen, werden sie hauptsächlich in Tansania und der Demokratischen Republik Kongo verzehrt.
Lebensraum: Im Inneren von Cassiabäumen und Rizinussträuchern.
Risiken: Keine bekannt.
Zubereitung: Säubern, Innereien auspressen und braten.

Asien

Wenn Sie sich wirklich als Insektenesser profilieren wollen, müssen Sie sich nach Asien begeben, und zwar speziell nach Südostasien. Asien ist das größte Entomophagie-Kraftwerk der Welt - nicht wegen der Vielfalt der gegessenen Insekten (die kaum halb so groß ist wie in Amerika), sondern wegen des Handels. Auf vielen Märkten (vor allem im Nordosten Thailands) sind Insekten leicht erhältlich, was das Experimentieren erleichtert. Außerdem hat sich die Insektenindustrie in großem Stil entwickelt, um das manuelle Sammeln zu ersetzen: Allein in Thailand gibt es inzwischen schätzungsweise 20.000 Grillenfarmen, die tierisches Eiweiß mit bemerkenswert geringen ökologischen Auswirkungen produzieren. In ländlichen Gebieten tun sich Familien und Freunde nach Einbruch der Dunkelheit zusammen, um auf den Feldern nach (nicht kultivierbaren) Heuschrecken zu suchen. Sie verkaufen sie an örtliche Zwischenhändler, die die riesigen Säcke mit lebenden Heuschrecken in die Stadt transportieren und so den Sammlern etwas zusätzliches Geld einbringen, während sie gleichzeitig Ernteschäden bekämpfen. Unvergessliche kulinarische Erlebnisse sind jedoch auf den südostasiatischen Straßenmärkten zu finden, und ich hoffe, dass der Ratgeber, den Sie gerade in den Händen halten, dort unverzichtbar sein wird.

Top 5 Tipps für den Kauf von Insekten auf Märkten

1. **Essen Sie sie FRISCH.** Die besten Insekten werden vor Ihren Augen an belebten Ständen frisch zubereitet. Die Einheimischen kommen mit Mopeds, zu Fuß und gelegentlich auch in Autos mit Chauffeur vorbei, um sich eine Tüte zu holen.
2. **SEX.** Wenn Ihnen gesagt wird: "Das ist ein beeindruckend starkes Aphrodisiakum, das Sie auf jeden Fall die ganze Nacht wachhalten wird", ist es wahrscheinlich das Beste, Ihre Partnerin anzusehen und ihr mimisch zu vermitteln, dass Sie so etwas nicht notwendig haben. Wenn Sie ein Stückchen gegangen sind, drehen Sie sich unter einem Vorwand um und kaufen trotzdem eine Dosis, nur für den Fall. Aber nicht, wenn es sich um Lytta vesicatoria (Spanische Fliege) handelt. Das Zeug ist gefährlich.
3. **WARNUNG!** Essen Sie Riesenwanzen nicht im Ganzen. Sie reißt Ihnen sonst Stücke aus der Speiseröhre, so wie es bei mir der Fall war. Und ein Ratschlag: Wenn der Standbesitzer Ihnen rät, zuerst die Flügel abzuziehen, tun Sie es.
4. **FOTOS.** Es ist unhöflich, Fotos zu machen, ohne vorher zu fragen und anschließend zehn Baht auszuhändigen.
5. **TIMEN SIE IHR ABENDESSEN.** Wenn Sie um 20 Uhr Insekten kaufen, wurden sie wahrscheinlich frisch gekocht und Sie werden einen Riesenspaß haben. Wenn Sie sie um 4 Uhr morgens nach einem kräftigen Schluck Schnaps als Mutprobe essen, haben sie schon eine ganze Weile im Warmen gelegen, und Sie könnten am nächsten Morgen eine gastrointestinale Katastrophe erleben

Feldheuschrecken

Viele Arten der Familie Acrididae

Was ist der Unterschied zwischen einer Feldheuschrecke und einer Heuschrecke?[24]", höre ich Sie fragen. Nun, den erkennen Sie vor allem am Verhalten. Während Heuschrecken relativ einzelgängerisch sind, können Feldheuschrecken unter bestimmten Bedingungen (wenn sie spüren, dass die Populationsdichte hoch ist, was zu Gedränge und Ernährungsdruck führt) die Serotoninproduktion in ihren Gehirnen verändern und gesellig werden, indem sie ihre Farbe und Körperform ändern und dichte Wanderschwärme bilden. Heuschreckenschwärme plagen die Menschheit seit Jahrhunderten. Ein berühmter Schwarm von Rocky Mountain Heuschrecken im Jahr 1875 bestand aus schätzungsweise 12,5 Billionen Insekten und bedeckte 198.000 Quadratmeilen. Aber es sind wunderschöne Geschöpfe, und man kann sie gut essen (der Hinweis steckt im Namen, der vom lateinischen locusta abgeleitet ist, was sowohl Heuschrecke als auch Hummer bedeutet). In der Bibel und in der Thora werden sie als anständiges Nahrungsmittel gutgeheißen: In Levitikus heißt es: „Auch diese dürft ihr essen: die Feldheuschrecke nach ihrer Art und die Kahlheuschrecke nach ihrer Art und die Grille nach ihrer Art und die Heuschrecke nach ihrer Art.“ Sie sind ganz niedliche Haustiere, sogar in kühlen Ländern, wo sie traditionell nicht gedeihen.

Geschmack: Nussig und sehr knusprig. Köstlich herzhaft - fast fleischig - wenn sie frisch gebraten sind, auch wenn die Beine zwischen den Zähnen stecken bleiben können.
Vorkommen: Weltweit verbreitet und in vielen asiatischen und afrikanischen Ländern mit großem Genuss gegessen.

---

[24] Im englischen Locust (Feldheuschrecke, Acrididae) und Grashopper (Heuschrecken, Orthoptera). Die Heuschrecken stellen dabei die übergeordnete Art dar, die Feldheuschrecke eine Untergattung. Der Grashüpfer – nicht identisch mit dem englischen Grashopper! – ist dagegen wiederum eine Unterart der Feldheuschrecke. (Anm. d. Übers.)

Lebensraum: Heiße Länder, viele Vegetationstypen, insbesondere Ackerland.
Risiken: Keine bekannt.
Zubereitung: Frittieren oder braten.

Mit Honig gewürzte Heuschrecken-Knabbereien

Hinweis: Dieses Rezept ist für frische Heuschrecken bestimmt.

Zutaten:
500 ml Pflanzenöl zum Braten
Eine Handvoll frischer Heuschrecken
2 Esslöffel Honig
1 Esslöffel Cayennepfeffer
1 Teelöffel Zimt

Zubereitung
- Das Öl in eine tiefe Pfanne mit schwerem Boden geben und erhitzen, bis ein kleines Stück Brot darin brutzelt und goldbraun wird.
- Die Heuschrecken vorsichtig in das Öl geben und 3-5 Minuten braten, bis sie gebräunt und knusprig sind.
- Die Heuschrecken aus dem Öl nehmen und etwas abkühlen lassen.
- Honig, Cayennepfeffer und Zimt in eine Schüssel geben und vermengen.
- Die Heuschrecken in der Honigmischung schwenken und warm servieren.

Honigbienen

Familie Apidae

Die Larven vieler Bienenarten werden in ganz Thailand gegessen, und in China verwenden einige Naturmediziner sie, um Blähungen zu lindern, Toxizität entgegenzuwirken und Würmer abzutöten. Honigbienen werden in Thailand mang non won genannt, wo sie als Nahrungsmittel und natürlich als Produzenten von Honig geschätzt werden, der so teuer wie eine importierte Flasche Whisky sein kann. Sie schmecken oft rauchig, was an der Methode liegt, mit der sie gesammelt werden: Ein Feuer wird direkt unter dem Bienenstock entzündet, um die erwachsenen Bienen zu vertreiben, während die Puppen im Inneren geräuchert werden.

Geschmack: Je nach Zubereitungsart können die Larven leicht aromatisch und süß sein und ein wenig wie Kuhmilch schmecken. Sie können auch in Dosen gekauft werden (obwohl sie, wie bei Dosenoliven im Vergleich zu frischen Oliven, einen minderwertigen Geschmack haben).
Vorkommen: Honigbienen werden in China und Thailand häufig gegessen.
Lebensraum: Bienennester findet man in kleinen Bäumen und Sträuchern oder hoch oben auf Klippen.
Risken: Keine, wenn sie richtig gekocht werden (der Darm sollte vor dem Kochen aus den Larven entfernt werden).
Zubereitung: Erwachsene Bienen werden roh gegessen - zuerst wird der Kopf zerdrückt und zusammen mit den Flügeln abgezogen, dann wird die Unterseite des Hinterleibs gegessen. Den Puppen wird etwas mehr Aufmerksamkeit gewidmet und sie werden in Kokosnussmilch mit Zwiebeln, Paprika und Zitronengras gekocht. Alternativ können sie auch direkt aus der Wabe mit Honig gegessen werden.

Riesenwanzen

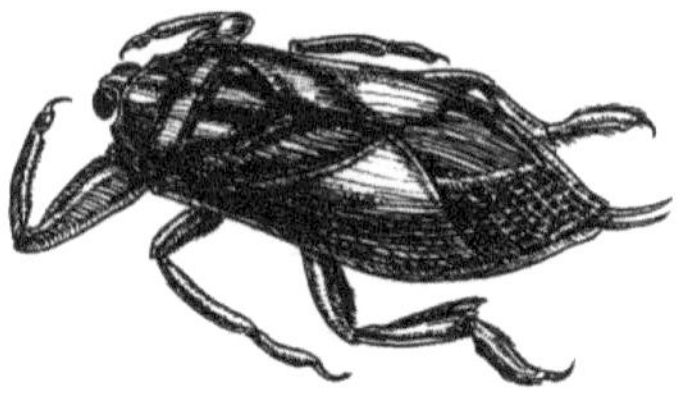

Belostomatidae

Diese riesigen Süßwasserwanzen (aus der Ordnung Hemiptera oder "echte Wanzen") kommen weltweit in Bächen und Teichen vor. Sie sind äußerst aggressive Raubtiere, die ihre Beute mit einem bösartigen Biss überfallen und einen Speichel injizieren, der deren Innereien verflüssigt. Die größten Arten dieser Familie können über 12 cm lang werden, obwohl die meisten, die man frisch gekocht auf den Märkten findet, der Art Letherocerus indicus entstammen und etwas kleiner als eine Kreditkarte sind - und wenn sie einmal im Mund sind, sind sie fast genauso zäh. Ich habe sie in Thailand gegessen, wo sie nachts mit einem hellen Licht angelockt und in einem Netz eingesammelt worden waren. Es genügt zu sagen, dass ihre zähen Exoskelette eine gewöhnungsbedürftige Konsistenz haben (an die ich mich nie gewöhnen konnte). Stattdessen bekam ich Halsschmerzen, die die ganzen zwei Wochen anhielten, die ich damit verbrachte, einen Dokumentarfilm über diese verflixten Biester zu drehen. Positiv zu vermerken ist, dass diese Art ein sehr modernes Beziehungskonzept hat, von dem wir alle lernen könnten: Nach der Paarung zeigt das Männchen seine Wertschätzung für seine Geliebte, indem es ihr erlaubt, ihre Eier in wunderschönen Mustern auf seinem Rücken abzulegen (die Weibchen haben einen erstaunlichen Sinn für Symmetrie). Das Weibchen sagt dann "Tschüss" und macht sich sofort auf den Weg, um ein anderes Opfer zu finden, während ihr Partner den Nachwuchs am Hals hat, bis die Eier geschlüpft sind; das macht es für ihn schwierig, zu schwimmen und unmöglich, sich zu paaren. Los, Mädels!

Geschmack: Das Exoskelett ist ziemlich zäh, aber wenn man großzügig ist, könnte man es mit älterem Biltong[25] vergleichen. Manche Leute ziehen einfach die hinteren Flügel ab und werfen sie weg, um das klebrige Innere zu

[25] Trockenfleisch aus luftgetrocknetem Rindfleisch oder Wildfleisch, v. a. in der südafrikanischen und namibischen Küche verbreitet (Anm. d. Übers.).

probieren, das einen starken (und nicht ganz unangenehmen) muffigen, fleischigen Geschmack hat.
Vorkommen: Weltweit. Wird in Südostasien mit großem Genuss gegessen.
Lebensraum: Man findet sie oft auf dem Grund von Süßwasserbächen und Teichen, wo sie auf ihre Beute lauern. Sie fliegen nachts. Wenn Sie sie also während der Brutzeit fangen wollen, sollten Sie sie mit einer UV-Lampe anlocken und mit einem guten Netz fangen. Die Hauptsaison in Thailand ist im Juni.
Risiken: In kulinarischer Hinsicht stellen Sie eine Gefahr dar; solange sie richtig gekocht werden, sollten sie aber unbedenklich zu essen sein. Bei der Nahrungssuche ist jedoch Vorsicht geboten, da sie gelegentlich Menschen gebissen haben. Der Biss ist anscheinend sehr schmerzhaft.
Zubereitung: In einen leichten Teig aus Reismehl, gewürzt mit etwas Salz und Zucker, eintauchen. Direkt in einen Wok mit sehr heißem, frischem Öl geben und knusprig frittieren. Dann mit einer schönen Chilisauce servieren.

Seidenspinnerlarven

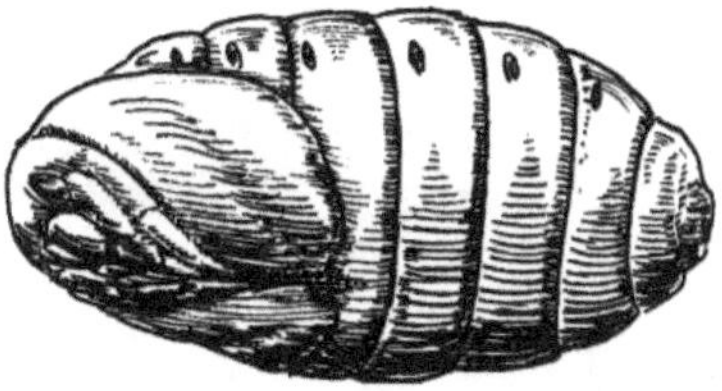

Larven von Bombyx mori

Diese pummeligen, aufgeblähten Raupen sind auf den Märkten Südostasiens und darüber hinaus allgegenwärtig. Sie sind eine wichtige und äußerst beliebte Nahrungsquelle und werden im Allgemeinen eher gezüchtet als gesammelt. Es handelt sich um dieselbe Art, die auch zur Herstellung von Seide verwendet wird. In manchen Haushalten werden sie zu beiden Zwecken gezüchtet, wobei die Puppen gegessen werden, sobald die Seide aus dem Kokon gewonnen wurde (sobald sich der Kokon gebildet hat, legt die Raupe sofort ihre Hülle ab und verpuppt sich darunter.). Sie sind ein wichtiges Nebenprodukt der Seidenindustrie und werden auf vielfältige Weise in der Küche verwendet: gekocht, gebraten oder zu Pulver gemahlen, um andere Gerichte wie Currys zu würzen; sie sind auch in Dosen erhältlich und werden als Tierfutter verwendet. Sie haben ein erstaunliches Nährwertprofil: 55 % Eiweiß und 32 % relativ gesunde Fette. In der traditionellen chinesischen Medizin werden sie seit langem zur Linderung von Blähungen eingesetzt.

Geschmack: Sie haben ein süßes, saftiges Fruchtfleisch, einen muffigen Geruch und einen erdigen Geschmack. Ihr hoher Proteingehalt sorgt für einen intensiven, würzigen Geschmack. Deshalb werden sie manchmal getrocknet und zu Pulver gemahlen und anderen Lebensmitteln zugesetzt, so wie wir den glutamatreichen Parmesan zu Nudelgerichten geben.
Vorkommen: In vielen Ländern, in denen die Seidenproduktion wichtig ist, insbesondere Vietnam, Korea, Thailand, Kambodscha, China und Japan.
Lebensraum: Hauptsächlich in der Landwirtschaft, ernährt sich von Blättern des weißen Maulbeerbaums. **Risiken:** Keine bekannt.
Zubereitung: In Korea werden sie oft einfach gedünstet oder gekocht, aber es gibt viele Möglichkeiten – versuchen Sie es mit Dämpfen oder unter Rühren anbraten. Backen Sie sie zuerst, um sie auszutrocknen, und braten Sie sie dann unter Rühren mit Ingwer und Knoblauch, frischem Chili und chinesischem Reisessig an, und fügen Sie knackiges Gemüse hinzu.

Chinesischer Raupenpilz

Wirtstier: Hepialus humuli
Pilz: Ophiocordyceps sinensis

Der Raupenpilz, eines der bizarrsten von Insekten produzierten Konsumgüter der Welt, ist das Ergebnis einer unglücklichen Infektion, die die Larven des Großen Hopfen-Wurzelbohrers durch den parasitären Pilz Ophiocordyceps sinensis erleiden. Dieser Pilz sorgt für eine lukrative Ernte; in Peking ist er als Heilmittel für jedes Leiden von Krebs bis hin zu Erektionsstörungen sehr begehrt und kann je nach Angebot und Nachfrage bis zum Doppelten seines Gewichts in Gold wert sein. In Tibet wird dieser Pilz yartsa gunbu genannt, was so viel wie "Sommergras, Winterwurm" bedeutet und sich darauf bezieht, dass der Pilz die Larve infiziert (und tötet), bevor er im Frühjahr groteskerweise als brauner Stiel aus ihrem Kopf ausbricht und das Exoskelett unversehrt lässt. Die übermäßige Ernte der gekaperten Larven hat zu einer stark dezimierten Population geführt und bedroht die Multimillionen-Dollar-Industrie der Yartsa Gunbu. Bei Auseinandersetzungen um den Raupenpilz wurden Menschen getötet, und während des nepalesischen Bürgerkriegs kämpften nepalesische Maoisten und Regierungstruppen um ihn. All dies führt dazu, dass Ophiocordyceps sinensis eher in die Schublade "entomophagische Kuriosität" als "brauchbares Nahrungsmittel" gesteckt wird.

Geschmack: Muffig, leicht fischig riechend.
Vorkommen: Im Himalaya, Nordindien, Tibet und in Teilen Chinas verbreitet.
Lebensraum: Hochplateaus in den Höhenlagen.
Gefahren: Keine bekannt, wenn sie ordnungsgemäß gereinigt und auf andere Schadpilze untersucht werden. **Zubereitung:** Traditionell werden sie in Wasser eingeweicht und dann zu einem Tee verarbeitet. Nach dem Trinken des Tees werden die übrig gebliebenen Larven und Pilze gegessen.

Schellack

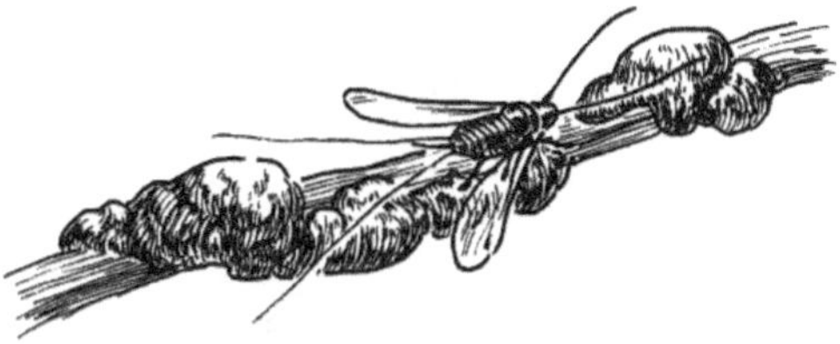

Ausscheidungen der Lackschildlaus Kerria lacca

Wenn Sie jemals kleine Kinder davon abhalten müssen, sich mit Süßigkeiten vollzustopfen, setzen Sie sie mit ein paar Gummibärchen hin und erzählen Sie ihnen alles über Schellack. Er wird von einer Schildlaus aus der Überfamilie der Coccidea (zu der auch der Cochenille-Käfer gehört; siehe den Abschnitt über Südamerika) hergestellt, und die Insekten haben die außergewöhnliche Fähigkeit entwickelt, fast ständig Lackharz abzusondern. Mit diesem Harz bauen sie eine harte Hülle um die Äste eines Baumes, in der sie herumkrabbeln, Saft saugen und weiteres Harz absondern können. Außerdem scheiden sie ein Wachs und einen Farbstoff aus.

Der Schellack-Bauer, der seine Bäume eigens zu diesem Zweck mit den Lachschildläusen befallen hat, schneidet den Ast ab und hackt dann den spröden Schellack ab und reinigt ihn. Die Lebensmittelhersteller verwenden ihn dann, um Süßigkeiten zu konservieren und ihnen eine schöne glänzende Oberfläche zu verleihen. An dieser Stelle wird er oft als

Lebensmittelzusatzstoff mit der Bezeichnung E904 bezeichnet. Schauen Sie sich also Ihre glänzenden Bonbons an, und Sie werden feststellen, dass ihr Glanz das Ergebnis von Läusesekreten ist. Schellack ist am besten bekannt für seine Verwendung in Kosmetika, Poliermitteln und früher auch für die Herstellung von Schallplatten mit 78 Umdrehungen pro Minute. Er wird auch für einige Pillen verwendet, weil er die saure Umgebung des Magens lange genug übersteht, um den Inhalt der Pille weiter unten im Verdauungstrakt freizusetzen.

Geschmack: Keiner. Es wird nur für kosmetische und konservierende Zwecke verwendet.
Vorkommen: Indien und Thailand.
Lebensraum: Auf den Zweigen des Ziziphus mauritiana-Baums, auch bekannt als Indische Jujube.
Risiken: Keine bekannt.
Zubereitung: Ein Stück Schellack vom Baum klopfen, dann erhitzen, um es zu verflüssigen, und abseihen, um es zu reinigen. Aushärten lassen.

Asiatische Weberameise

Oecophylla smaragdina

Der Biss dieser bösartigen kleinen Baumbewohner ist schmerzhaft, aber er lohnt sich, denn frischer Asiatischer Weberameisensalat (nicht aus der Dose) ist eines der besten Gerichte, die ich je gegessen habe. Abgesehen von der Genugtuung, die kleinen Biester zurückzubeißen, ist es auch der pure Nervenkitzel, etwas zu essen, das so weit von jeder Definition von "Komfortnahrung" entfernt ist. Sie werden mit einer langen Stange gefangen, unter der ein Netz hängt, das die Ameisen auffängt. Mit dem Ende der Stange wird das Nest aufgebrochen und dann geschüttelt, bis die Ameisen herausfallen. Obwohl viele Ameisen und Eier in das Netz gelangen, entkommen Hunderte und springen oder krabbeln nach unten, um Sie zu beißen. Bevorzugt werden die Larven und Puppen (obwohl ich persönlich das Knacken und den sauren Geschmack der erwachsenen Tiere liebe). Töten Sie sie, indem Sie sie ein paar Sekunden lang in einen Eimer mit Wasser werfen (und umrühren, damit sie keine Treibnetze bilden, auf denen sie entkommen können).

Geschmack: Natürlich pikant durch die Säure der erwachsenen Ameisen, aber auch süßlich-cremig durch die Larven und Puppen und leicht knusprig durch die Beine und Exoskelette.
Vorkommen: Nordost-Thailand, wo sie eine begehrte (und teure) Delikatesse sind.
Lebensraum: Diese Art kommt in einem Band vor, das Indien, Thailand, Indonesien und Nordaustralien durchzieht. Ihre Nester hängen in hohen Bäumen, und sie werden hauptsächlich im Spätsommer gejagt, wenn in bestimmten Gebieten Dutzende von schweren Nestern in 10-20 m Höhe in den Bäumen an den Ästen hängen.
Risiken: Die Bisse tun SEHR weh, und die Ameisen sind hartnäckig. Einige wenige Menschen reagieren allergisch auf das Gift und benötigen möglicherweise eine Anaphylaxie-Behandlung, obwohl ich die Erfahrung gemacht habe, dass die Bisse nicht giftig sind und nach dem anfänglichen Schmerz keine Beule, Narbe oder Juckreiz hinterlassen.
Zubereitung: Asiatische Weberameisen werden normalerweise roh in einem Salat gegessen – Eier, Babyameisen und erwachsene Tiere zusammen. Der Salat besteht zu 95 % aus Ameisen und Eiern, die mit Koriander, Frühlingszwiebeln, Sesamöl, Reisessig und ein wenig Sesamöl vermischt werden.

Bambuswürmer

Larven der Omphisa fuscidentalis

Die auf Thai als rot duan ("Schnellzug") bekannten Würmer sind gar keine Würmer, sondern die Larven von Motten, die den Bambus befallen. Sie sind auch eine geschätzte Delikatesse und erzielen einen viel höheren Preis als Rindfleisch. Nach dem Schlüpfen bohren sich die Larven gemeinschaftlich in den zähen Bambus, und bevor sie sich an die Arbeit machen, Fett für ihre Verpuppung anzulegen, bohren sie ein Loch, aus dem sie entkommen können, wenn sie sich in ein paar Monaten in Motten verwandeln. Ich habe sie bei einem illegalen Besuch in den Dschungeldörfern im Osten Myanmars gekostet, wo sich die ethnische Gruppe der Karen in einem heftigen Konflikt mit der Armee befand; die Larven wurden mir mit großem Stolz serviert.

Geschmack: In Thailand werden sie meist frittiert und salzig serviert, wie Chips mit viel zusätzlichem Eiweiß, aber die, die ich in Myanmar gegessen habe, wurden einfach in einer trockenen Pfanne gebraten und hatten einen außergewöhnlichen Geschmack – eine anhaltende Süße auf meiner Zunge, ähnlich wie der Inulin-Zucker, der Topinambur[26] einen anhaltenden Geschmack verleiht.
Vorkommen: Thailand, Myanmar und Laos.
Lebensraum: Im Inneren von Bambusstämmen, vor allem in den Monaten Juni und Juli.
Risiken: Keine bekannt.
Zubereitung: Trocken anbraten oder frittieren, dann mit Salz würzen.

Nashornkäfer

Oryctes rhinoceros, Xylotrupes gideon

Eine weitere Delikatesse aus den reichen Insektenvorkommen Thailands ist der auffällig gehörnte Asiatische Nashornkäfer Oryctes rhinoceros (in Laos als mwang kwang bekannt). Xylotrupes gideon (Brauner Nashornkäfer) verdient ebenfalls Bewunderung für seine beeindruckende Kampffähigkeit - Käferkämpfe waren früher ein beliebter Glücksspielsport, wurden aber verboten, weil so viel Geld im Spiel war. Beim Volk der Lahu gelten sie als wahrer Leckerbissen, und sie genießen einen gebratenen Nashornkäfer mit Chilisauce. Larven können in Europa sogar in Dosen online gekauft werden.

[26] Nutzpflanze (auch als Erdapfel bezeichnet), verbreitet in Nord- und Mittelamerika, deren Sprossknolle als Nahrungsmittel dienen kann (Anm. d. Übers.).

Sie sind eine fantastische Eiweißquelle und enthalten doppelt so viel Eiweiß wie Hühnchen und Rindfleisch. Diese Käfer sind sehr stark und können das 850-fache ihres eigenen Gewichts heben.

Geschmack: Eine schöne erdige Note, ähnlich wie bei Schnecken.
Vorkommen: Sehr verbreitet in Thailand und in ganz Asien.
Lebensraum: Die Larven können aus dem verrottenden Holz der Palme gepflückt werden. Die Hauptsaison in Thailand ist etwa im September.
Risiken: Keine, wenn sie richtig gekocht werden (der Darm muss vor dem Kochen aus den Larven entfernt werden).
Zubereitung: Die Käfer werden in der Regel ohne Flügel gegrillt, gelegentlich aber auch gebraten oder sogar in einer Kokosnussschale gekocht. Die Larven werden in ein Bananenblatt mit Kräutern und Gewürzen eingewickelt und dann gegrillt oder vor dem Braten in Kokosnussöl eingelegt.

Schwarze Ameisen

Polyrhachis

Die Gattung Polyrhachis umfasst eine große Anzahl von Arten - fast 700 - mit sehr unterschiedlichen Lebensgewohnheiten und Lebensräumen. Sie sind 5-10 mm lang, aber die am häufigsten verzehrten Arten liegen eindeutig am kleineren Ende des Spektrums. Sie schmecken pikant, wie viele Ameisen, und selbst die im Internet gekauften, getrockneten und konservierten Exemplare sind ziemlich gut. Den Geschmack verdanken sie der Ameisensäure, die sie mit Hilfe eines außergewöhnlichen, nur bei Ameisen vorkommenden Teils ihrer Anatomie, in weitesten Sinn einer Giftdrüse, versprühen. Dabei handelt es sich um ein kreisrundes Loch auf dem Bauch der Tiere, das für den "Gaster" (das knollige Hinterteil) oder den Magen bestimmt ist, in dem die Ameisensäure und andere Kohlenwasserstoffe hergestellt werden. Es ist unklar, ob die Ameisensäure der Ameise selbst schadet, wenn sie gezwungen wird, ihr Gift gegen ein Raubtier einzusetzen.

Geschmack: Lebhaft und pikant, mit einem erheiternden Knuspern.
Vorkommen: In Afrika, Europa und Asien verbreitet.
Lebensraum: Da es so viele Arten dieser Gattung gibt, findet man sie überall, von Bäumen bis zu Gewässern. **Risiken:** Keine bekannt.
Zubereitung: Abspülen, trocknen und rösten.

Mistkäfer

Scarabaeinae[27]

Trotz der Assoziation mit Fäkalien sind Mistkäfer wunderbare Lebewesen. Sie verbessern den Boden, indem sie ihn recyceln und damit der Umwelt einen unschätzbaren Dienst erweisen, und sie sind die einzigen Lebewesen mit Ausnahme des Menschen, von denen bekannt ist, dass sie sich an der Milchstraße orientieren. Es gibt viele Arten von Mistkäfern, darunter auch die berühmten Heiligen Pillendreher, die kugelförmige Mistkugeln rollen, um sie mit ihren Eiern zu füllen. Dieses Rollen ist für sie die einfachste Art, sich zu bewegen und die Kugeln schnell zu verstecken. Nach dem Schlüpfen fressen sich die Larven einfach heraus. Lecker.

Sie gelten als so schmackhaft, dass in Teilen Thailands Dorfbewohner Misthaufen, die die Käfer enthalten, mit Papierschildern schützen. Sowohl die Larven als auch die erwachsenen Mistkäfer werden gegessen und sind eine reichhaltige Proteinquelle. In der Literatur nimmt der Mistkäfer einen relativ prominenten Platz ein (zumindest unter den Käfern). Er kommt in den *Fabeln von Äsop*, in Kafkas *Die Verwandlung* und in einem Märchen von Hans Christian Andersen vor (es heißt ganz einfach *Der Mistkäfer*).

Geschmack: Wie bei vielen Käferarten erinnern sie an Garnelen, allerdings mit einer leicht erdigen Note.
Vorkommen: Auf allen Kontinenten außer der Antarktis zu finden.

---

[27] Eigentlich die Obergattung, während Geotrupidae (Mistkäfer) die Unterart ist.

Lebensraum: In der Nähe von Dunghaufen. In Thailand ist die Hauptsaison um Februar/März.
Risiken: Keine verzeichnet, aber sie müssen ordnungsgemäß gereinigt werden.
Zubereitung: Weichen Sie die Käfer über Nacht in einem Eimer mit Wasser ein, um sicherzustellen, dass sie den aufgenommenen Dung abgegeben haben. In Thailand werden sie dann in etwas Öl und Salz gekocht, und in einigen Gebieten Chinas werden sie gebacken und dann zu Mehl gemahlen.

Tausendfüßler

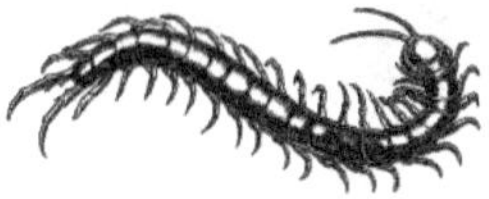

Scolopendridae[28]

Ein weiteres unserer Minitiere, das eigentlich kein Insekt ist – es handelt sich um einen Myriapoden (was so viel wie "vielbeinig" bedeutet). In Anbetracht des unersättlichen Appetits auf abenteuerliches Essen in Asien ist es erstaunlich, dass der Tausendfüßler nicht häufiger auf der Speisekarte zu finden ist. In China habe ich ihn nur auf den Pekinger Nachtmärkten gefunden, wo er auf Spieße gesteckt wird, nachdem er frittiert oder gegrillt wurde (aber das scheint eine Art Gag zu sein, um Touristen anzulocken).

In einigen anderen Ländern der Region werden große Exemplare dieser Art in Alkohol eingelegt, ähnlich wie bei den Mezcal Wurmern in Mexiko. Die Tausendfüßler sollen der Spirituose medizinische Eigenschaften verleihen.

Geschmack: Sie werden oft so gründlich gekocht, dass sie nur noch nach heißem Öl und getrockneten Spaghetti schmecken. Wenn sie jedoch schonend zubereitet werden, können sie ziemlich bitter sein.
Vorkommen: Laos, Thailand, Kambodscha und China.
Lebensraum: Unter Felsen.
Gefahren: Einige Arten von Tausendfüßlern können schmerzhafte und potenziell gefährliche Bisse verursachen, daher ist es wichtig, die Art zu

[28] Scolopendridae sind eigentlich eine Untergattung der Riesenläufer, die wiederum eine Untergattung der Tausendfüßler sind (Anm. d. Übers).

bestimmen, bevor man sie zum Abendessen zubereitet. Am besten fragen Sie einen Einheimischen.

Zubereitung: Frittieren für eine schmackhafte, knusprige Konsistenz! Achten Sie darauf, dass Sie sie gut würzen, denn ihr Geschmack kann recht fade sein.

Skorpion

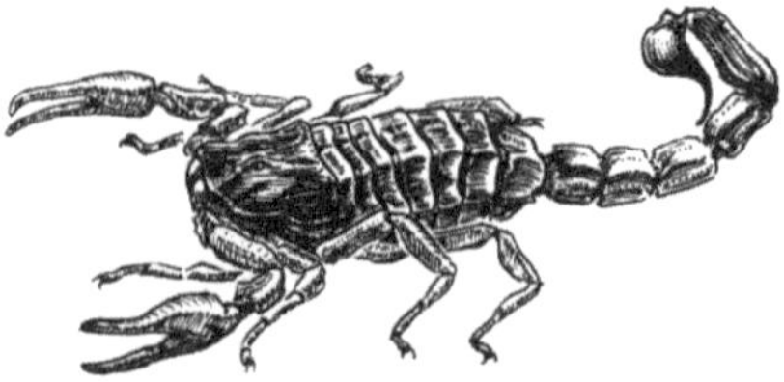

Familie Skorpionidae

Ein weiterer bösartiger, verlockender Leckerbissen, der eigentlich kein Insekt ist, sondern mit seinen acht Beinen zu den Spinnentieren gehört.

Skorpione sind Raubtiere mit großen und kräftigen Zangen und einem gut sichtbaren giftigen Stachel, den sie in der Regel hoch und stolz über den Rücken gebogen tragen, bereit, Sie im Schlaf zu töten. Wenn man ein Tier entwerfen wollte, das den Menschen in Angst und Schrecken versetzt, könnte man kaum etwas Besseres finden als dieses. Tatsächlich haben nur wenige Skorpione die Fähigkeit, einen Menschen zu töten, und sie können auch sehr gutmütig sein: Ich hatte einmal einen großen Skorpion in der Hand und war enttäuscht, dass er sich nicht für mein köstliches Fleisch interessierte (obwohl er vielleicht durch mein starkes Schwitzen abgeschreckt wurde). Skorpione sind eine sehr erfolgreiche Ordnung, die auf allen Kontinenten außer der Antarktis vorkommt (es gibt sie sogar im Vereinigten Königreich), und ihre Evolutionsgeschichte reicht 430 Millionen Jahre zurück. Sie haben auch die bizarre Fähigkeit, unter UV-Licht zu leuchten, und ihr Leuchten wird mit zunehmender Reife stärker – mit jedem Exoskelett, das sie abwerfen (durch „Häutung“), leuchten sie heller.

Geschmack: Wie Tausendfüßler werden Skorpione auf Pekings geschmacklosem, aber ziemlich lustigem Nachtmarkt angeboten, wo junge Männer sie essen, um ihre Dates zu beeindrucken. Sie werden frittiert und auf Kebab-Spieße aufgespießt. Auf diese Weise zubereitet, haben sie die

Konsistenz von Twiglets[29] und schmecken nach altem Öl. Ich würde sie meiden und stattdessen ländlichere Gegenden aufsuchen, wo Skorpione richtig geschätzt werden und wo sie frittiert nach muffigem Teichwasser und Roastbeef schmecken. Bei der Verwendung als Suppenzutat spürt man eigentlich nur die Konsistenz: leicht pappig.

Vorkommen: Hauptsächlich in China gegessen, aber weltweit verbreitet.

Lebensraum: Obwohl wir Skorpione als Bewohner heißer Länder betrachten, kommen sie mit einer erstaunlichen Bandbreite von Temperaturen zurecht, die von extremer Hitze bis weit unter den Gefrierpunkt reichen. Da sie nachtaktiv sind, findet man sie tagsüber meist in Löchern oder versteckt unter Steinen oder in kleinen Höhlen.

Risiken: Obwohl nur ein kleiner Teil der Skorpione tatsächlich tödlich für den Menschen ist, kann das Gift einiger Skorpione ziemlich unangenehm sein, daher sollten Sie bei einem Biss erste Hilfe leisten. Wenn Sie die Skorpione roh serviert bekommen, sind die Giftsäcke bereits entfernt, aber Sie sollten es nicht riskieren, sie zu Hause roh zu essen! Glücklicherweise wird das Gift durch Kochen unschädlich gemacht.

Zubereitung: Waschen Sie Ihre lebenden Skorpione (sorgfältig!) und braten Sie sie dann in sehr heißem Öl unter Rühren an (wie bei Hummern können Sie sie betäuben, indem Sie sie zuerst in den Gefrierschrank legen). Fügen Sie Ingwer, Knoblauch und knackiges Gemüse hinzu, dann gießen Sie Wasser, Sojasoße, Chilis, chinesischen Essig und Reiswein hinzu und köcheln Sie, bis alles weich ist.

Hornissen und Wespen

Vespidae

Wespen und Hornissen gehören nicht gerade zu den beliebtesten Insekten der Welt. Sie gelten im Allgemeinen als fiese kleine Dinger, die Picknicks

[29] Ein einfacher Snack auf Weizenbasis mit einer „knubbeligen" Form (Anm. d. Übers.).

verderben und überall auf der Welt ihr Unwesen treiben. Die Shan in Myanmar (und viele andere Kulturen in ganz Asien) haben es geschafft, diese Abscheu zu überwinden und die schönen Seiten der Vespidae zu schätzen, nämlich dass sie köstlich sind, vor allem in der Puppenform. Die erwachsenen Wespen werden durch den Einsatz großer Mengen von Rauch verjagt. Die Japaner essen gerne Wespen und servieren ihre Larven als hachi-no-ko, einfach in Sojasauce und Zucker gekocht und mit Reis serviert. Ausgewachsene Wespen werden in einer Art Keks serviert, und es gibt sogar einen „Omachi Digger Wasp Lovers Club". In Kashihara (in Honshu) wird ein ganzes Festival dem Wespenverzehr gewidmet, mit Wettbewerben um das schwerste Wespennest. Der japanische Kaiser Hirohito soll nach einer Operation im Jahr 1987 Wespen gegessen haben, die er anderen, üblicheren Speisen vorzog.

Geschmack: Die Puppen sind leicht süß und haben eine samtige Konsistenz. In Keksen schmecken die erwachsenen Wespen leicht rosinenartig mit einem leicht bitteren Nachgeschmack.
Vorkommen: Weltweit verbreitet, beliebt in Südostasien.
Lebensraum: Sie nisten an ruhigen Orten, wo sie nicht gestört werden.
Risiken: Der Stachel der Hornisse kann sehr unangenehm sein – die asiatische Riesenhornisse ist dafür bekannt, dass sie allein in Japan jährlich bis zu 40 Menschen tötet.
Zubereitung: Die Larven sollten mit Soja und etwas Zucker gekocht und die erwachsenen Wespen geröstet werden (der Stachel sollte natürlich entfernt werden). Das Nordic Food Lab empfiehlt einen Blütensalat mit marinierten Larven, und sowohl die Puppen als auch die Larven sind köstlich mit Tempura.

Baby-Wespen-Nori-Shushi-Rollen

Zutaten:
300 g Sushi-Reis

Ein Spritzer Sushi- Gewürz
Nori-Algenblätter
1 Esslöffel Mayonnaise gemischt mit ½ Teelöffel Wasabi-Paste
1 Gurke in lange dünne Streifen geschnitten
1 Dose Wespenlarven (erhältlich in japanischen Geschäften)

Zubereitung:

- Den Sushi-Reis nach Packungsanweisung kochen und mit einem kräftigen Spritzer Sushi-Gewürz verfeinern (oder mit 1 TL Salz und 1 TL Zucker, aufgelöst in 2 EL Reisessig, selbst herstellen). Vorsichtig umrühren.
- In einem breiten Blech abkühlen lassen, während die anderen Zutaten vorbereitet werden.
- Nori mit der glänzenden Seite nach unten auf einer Sushi-Matte auslegen.
- Den Reis in einer 1 cm dicken Schicht auf den Algen ausbreiten, dabei den 2 cm breiten Rand frei lassen. Verteilen Sie eine dünne Schicht Mayonnaise auf dem Reis und legen Sie dann Ihre Gurken- und Wespenlarven in die Mitte des Reises.
- Den Reis zu einer Rolle zusammenrollen und den Seetang mit etwas Wasser wie einen Stempel verschließen.
- In Sushi-Rollen der gewünschten Dicke schneiden. Mit Wasabi, eingelegtem Ingwer und Sojasauce genießen.

Die 5 wichtigsten Gründe für der Verzehr von Insekten in Nord-Ost-Thailand

1. Lecker. 75%
2. Snack. 65%
3. Verwendung als Zutat in gekochten Mahlzeiten. 48%
4. Traditionelle Medizin. 48%
5. Zum Würzen von Speisen. 32%

Südamerika

Es überrascht nicht, dass die Entomophagie in Südamerika tief verwurzelt ist, denn der Regenwald des Amazonas wimmelt nur so von kleinen Tierchen. Der gesamte amerikanische Kontinent führt die weltweite Liste der verzehrten Insektenarten an und beherbergt 39 % aller häufig verzehrten Insektenarten (das sind satte 679 Stück). Und die feinste von allen ist meiner bescheidenen Meinung nach die kolumbianische Fettarsch-Ameise, die nicht nur fett im Hintern, sondern auch fett im Geschmack ist, mit einem außerordentlich berauschenden rauchigen Speckgeschmack. Ich habe diese äußerst saisonalen Leckerbissen auf Märkten bis nach Oaxaca gefunden, und sie werden jetzt in kleinem Maßstab in die ganze Welt als Bushessen exportiert.

Was in Südamerika besonders auffällt, ist die große Zahl indigener Gruppen, die im Laufe der Jahre von neugierigen Anthropologen und Naturhistorikern beim Verzehr von Insekten beobachtet wurden: die Tukanoaner, Bari und Kariben sind nur einige Beispiele. Die Guayaki in Paraguay essen die Larven und Puppen von acht verschiedenen Wespenarten, und bei den Yukpa im Norden Kolumbiens wurde 1973 festgestellt, dass sie Insekten aus sieben verschiedenen Ordnungen, 22 Gattungen und unzähligen Arten verzehren und viele davon dem Frischfleisch vorziehen. Und der Verzehr nimmt zu: In dem Maße, in dem die Abholzung die Verfügbarkeit von größerem Wild beeinträchtigt, wächst die Abhängigkeit von Insekten. Ein weiterer Grund in der langen Reihe von Gründen, warum Entomophagie eine ausgezeichnete Idee ist.

Sie seltsamsten Sexualpraktiken von Insekten

Meine Erfahrungen mit dem Verzehr von Krabbeltieren hatten oft einen anrüchigen Beigeschmack, besonders in Mittel- und Südamerika. Meine erste Kostprobe der kolumbianischen Fettarsch-Ameisen wurde von anzüglichem Gelächter einer Gruppe koketter mexikanischer Mädchen begleitet, die einige Handgesten machten, deren Bedeutung ich nur erahnen kann. Palmrüssler wurden mir immer mit einem Augenzwinkern verkauft, und Taranteln wurden am Boden eines Glases Reisschnaps als Aphrodisiakum angepriesen. Alles, um den Preis um 50 % zu erhöhen!

1. Eine Gespenstschrecken-Art wurde bei einer 136 Stunden lang andauernden Paarung beobachtet.
2. Ruderwanzen „singen“ sehr laut, indem sie ihren Penis an ihrem Unterleib reiben.
3. Ohrwürmer haben einen Notfall-Penis.
4. Riesige Spermien: Die winzige Fruchtfliege Drosophila bifurca produziert Spermien, die mehr als 20 Mal so lang sind wie ihr Körper.
5. Manche Bienen ejakulieren mit solcher Wucht, dass die Penisspitze abreißt und in der Königin zurückbleibt.

Honig

Produkt der Gattung Apis

Natürlich handelt es sich dabei um ein Insektenprodukt und nicht um ein essbares Insekt, aber die Biochemie des Honigs ist so faszinierend, dass seine Geschichte einfach erzählt werden muss. Viele Bienen- und Wespenarten produzieren Honig, aber die bekannteste Sorte stammt von der Honigbiene der Gattung Apis (Argentinien ist der drittgrößte Produzent der Welt), und so wird er hergestellt:

Die Biene führt ihren Rüssel in den Nektar von zuckerhaltigen Blüten ein und saugt Nektar auf. Dieser Nektar gelangt in den ersten Teil des Magens, den sogenannten Honigmagen, der den Nektar zurückhält, aber die meisten anderen Stoffe durchlässt. Wenn die Biene zum Bienenstock zurückfliegt, würgt sie den Nektar wieder aus, um ihn dann mit anderen Bienen zu teilen und ihn erneut zu fressen. Und so weiter und so fort. Dieser Prozess des mehrfachen Erbrechens dauert bis zu 30 Minuten, während der Nektar von den Verdauungsenzymen und Magensäuren der Bienen angegriffen wird, so dass die im Nektar enthaltene Saccharose hydrolysiert (durch Zugabe von Wasser aufgespalten) und in eine Mischung aus Glucose und Fructose umgewandelt wird. Wenn die Bienen der Meinung sind, dass der Nektar lagerfähig ist, füllen sie ihn in Zellen und flattern dann mit den Flügeln, um mehr Wasser aus dem zuckerhaltigen Schleim zu verdampfen, damit Hefe und Bakterien ihn nicht verderben können.

Geschmack: Süß und blumig.
Vorkommen: Weltweit.
Risiken: Weibliche Arbeitsbienen können stechen
Zubereitung: Reichlich über heißes, gebuttertes Toastbrot gießen.

Fettarsch-Ameise

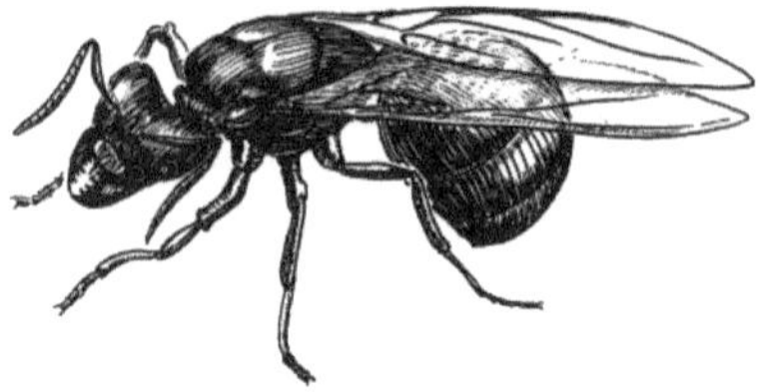

Atta laevigata

Diese riesigen Ameisen, eine Blattschneiderart, die in Kolumbien als Hormigas Culonas (wörtlich: "Ameisen mit dicken Ärschen") bekannt ist, gehören zu den besten essbaren Insekten der Welt. Und sie haben in der Tat einen dicken Hintern. Nur die Weibchen werden gegessen, und sie werden nur wenige Wochen im Jahr, am Ende der Regenzeit im April, gesammelt. Die Ernte kann eine schmerzhafte Angelegenheit sein, denn sie haben einen bösartigen Biss, für den ihre großen, starken Mandibeln sorgen. Ich habe sie auch frisch geerntet auf Märkten in Südmexiko gekauft, und im Gegensatz zu vielen anderen Insekten lassen sie sich gut transportieren und können in der ganzen Welt in Dosen oder Packungen als Leckerbissen oder Gimmick gekauft werden. Echte Gastronauten sollten sich nach Barichara begeben, einer schönen spanischen Kolonialstadt 300 Kilometer nördlich der kolumbianischen Hauptstadt Bogotá, wo die Ameisen mit den dicken Hintern in Geschäften und Restaurants verkauft werden. Nach dem Fang werden sie in Salzwasser eingeweicht und geröstet, was ihnen einen wunderbaren Geschmack und eine hervorragende Konsistenz verleiht. Einige Einheimische halten sie für ein Aphrodisiakum.

Geschmack: Kräftiger Rauchgeschmack, ähnlich wie bei rauchigen Speckchips. Sie geben der Zunge einen salzigen Hauch von Eiweiß und sind schön knusprig.
Vorkommen: Kolumbien, Venezuela und Paraguay.
Lebensraum: Wälder und Dschungel - überall dort, wo es eine gute Versorgung mit frischer Vegetation gibt.
Risiken: Keine, wenn sie gut gekocht werden.
Zubereitung: In Salzwasser waschen, dann braten.

Honigwespen

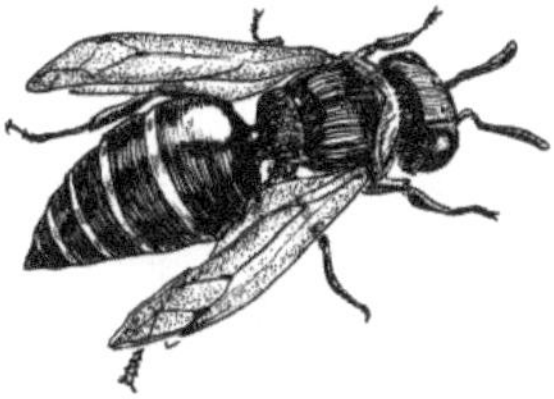

Brachygastra mellifica

Diese Wespenart, die ein wichtiger Bestäuber von Avocados ist, wird in ganz Südamerika gewöhnlich im letzten Viertel des Mondes geerntet und zusammen mit ihrem Honig gegessen. In Mexiko wird die Mischung aus Wespe und Honig cuchii genannt. So unklug es auch klingen mag, in Südamerika werden mehrere Wespenarten gegessen: In Guyana werden die Ocomo genannten Wespen als Larven gegessen, und die Yukpa in Kolumbien sind dafür bekannt, dass sie die Larven mehrerer Arten von sozialen Wespen essen, darunter Polybia ignobilis und Polybia canadensis. Die Nester werden tagsüber aufgespürt und in der Abenddämmerung, wenn die Wespen ruhiger sind, geerntet, und das Nest wird dann in ein Feuer getreten, um die erwachsenen Tiere zu vertreiben. Die Larven werden kurz auf dem Feuer geröstet und in den Mund gesteckt. Andere Wespen stehen nicht auf dem Speiseplan - die Yukpa glauben, dass die Maurer- oder Töpferwespen der Gattung Eumeninae Blindheit verursachen. Von einigen Stämmen im Amazonasbecken wird berichtet, dass sie Wespen in Brustpanzer mit Löchern auf der Innenseite einsetzen, die ihnen den Zugang zum Körper ermöglichen. Diese werden getragen und bei Reinigungszeremonien als Tortur durch Stiche eingesetzt.

Geschmack: Die Larven sind ausgeprägt süß und leicht eierartig.
Vorkommen: In ganz Südamerika und im südlichen Nordamerika verbreitet.
Lebensraum: Sie bauen ihre Nester in Bäumen und Sträuchern.
Risiken: Sie stechen.
Zubereitung: Im Feuer oder auf dem Grill rösten, die Larven werden roh gegessen.

Großflügler

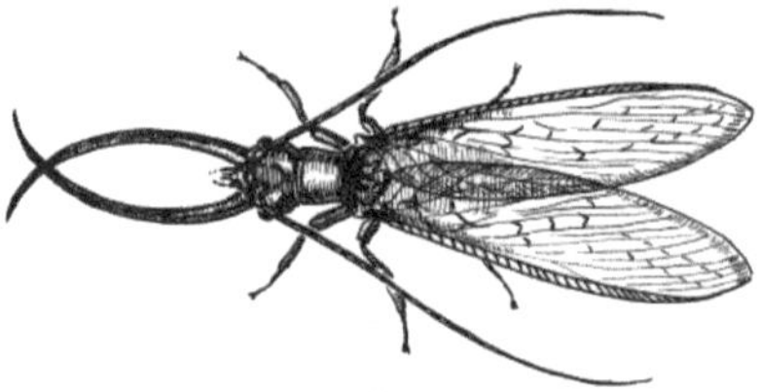

Familie Corydalidae

Die Larven dieser Insekten sind, seien wir ehrlich, nicht gerade die hübschesten essbaren Insekten, denn sie sehen aus wie eine dubiose Mischung aus Hummer und Kellerassel. Sie kommen in mehreren Ländern der Welt vor und werden häufig von Anglern beim Forellenangeln eingesetzt. Die Yukpa, ein Stamm, der in Südamerika ziemlich weit oben auf der Liste der Insektenesser steht, halten das Insekt und seine Larven jedoch für einen nützlichen Snack. Wenn sie als Erwachsene gefangen werden, werden die Flügel, der Kopf und die Beine entfernt, bevor der Körper geröstet wird. In Teilen Chinas und Thailands werden auch *Helgrammiten*, so nennt man das Larvenstadium der Großflügler, gegessen.

Geschmack: Mild fischig.
Vorkommen: Kolumbien, Peru.
Lebensraum: Die Steinfliege lebt in flachen felsigen Bachbetten und ernährt sich von anderen kleineren Larven.
Risiken: Sie können beißen und sind am besten mit Vorsicht zu genießen.
Zubereitung: Wenn Sie die Erwachsenen kochen, entfernen Sie vor dem Braten die Flügel, Köpfe und Beine.

Cochenilleschildlaus

Dactylopius coccus
Aus der Ordnung der Hemiptera, der "Schnabelkerfe"

Diese kleinen Schildläuse sind ein fieser Scherz der Entomophagisten für alle, die nicht im Traum daran denken würden, Insekten zu essen – denn es ist fast unmöglich, sie zu vermeiden. Sie werden von Lebensmittelherstellern in großem Umfang als rosa/lila/roter Lebensmittelfarbstoff verwendet - vor allem in Gummibonbons und Schweinefleischprodukten - insbesondere, da die Lebensmittelhersteller dann auf dem Etikett den Hinweis "Kein künstlicher Farbstoff" anbringen können. Und aus diesem Grund boomt die Cochenille-Industrie. Die Insekten enthalten einen intensiven roten Farbstoff namens Karmin, auch bekannt als E120 oder manchmal einfach "Cochenille". Die meisten kommen aus Südamerika, obwohl mehrere Länder versucht haben, sie zu züchten, wenn auch mit gemischten Ergebnissen (Australiens Versuch endete mit dem Tod der Läuse, während die Kakteen, auf denen sie eingeführt wurden, schließlich 259.000 Quadratkilometer in Ostaustralien besiedelten). Auf dem Kaktusblatt sehen sie aus wie eine schimmelige, staubbedeckte Masse, und wenn sie geerntet und getrocknet sind, sehen sie aus wie kleine Stücke dunklen, gräulichen Kieses. Nur die weiblichen Läuse werden geerntet - die Männchen sind schmächtig und fressen nicht, vor allem, weil sie keine Münder haben. Sie leben eine Woche lang: gerade lang genug, um sich Flügel wachsen zu lassen, sich zu paaren und zu sterben.

Geschmack: Roh sind sie etwas bitter, aber wenn sie zu Karmin verarbeitet und sparsam in Lebensmitteln verwendet werden, haben sie kaum oder gar keinen wahrnehmbaren Geschmack.
Vorkommen: Südamerika - hauptsächlich Peru (85 % der Weltproduktion), Ecuador, Chile, Bolivien. **Lebensraum:** Kakteengewächse der Gattung Opuntia.

Risiken: Als Lebensmittelzusatzstoff wurde in sehr seltenen Fällen berichtet, dass er einen anaphylaktischen Schock auslöst, aber er unterliegt strengen Vorschriften. Wenn Ihnen geraten wurde, E120 zu meiden, meiden Sie Cochenille.
Zubereitung: Mit einem Mörser und Stößel eine kleine Prise von 15-20 Insekten zu einem feinen Pulver mahlen und in Kuchenglasur oder Joghurt einstreuen, um ihm eine satte rosarote Farbe zu verleihen. Wenn Sie es in ein Glas Wasser geben, wird es leuchtend rot, aber da die Karmine unverarbeitet und instabil sind, werden sie langsam oxidieren und sich schwarz verfärben.

Zitronenameisen

Myrmelachista schumanni

Diese Ameisen sind für zwei Dinge berühmt: erstens für ihre seltsame symbiotische Beziehung mit dem *duroia hirsuta*-Baum. Die Ameisen nisten in den hohlen Stämmen dieser Bäume und haben eine so enge Beziehung, dass sie den Wald erkunden und alle anderen Bäume und Pflanzen vergiften, indem sie Ameisensäuregift in die Ansätze ihrer Blätter injizieren. Auf diese Weise entsteht ein verödetes Gebiet, das als "Teufelsgarten" bezeichnet wird und in dem die einzige Baumart alle anderen verdrängt.
Ihre zweite Berühmtheit beruht ebenfalls auf der Ameisensäure - sie bietet dem abenteuerlustigen Entdecker eine köstliche Würze, um die schweißtreibende Aufgabe der Erkundung des Regenwaldes zu erleichtern. Zugegeben, es sind sehr kleine Ameisen, also keine große Kalorienquelle, aber lecker sind sie trotzdem.

Geschmack: Zitronen- oder limettenartige Schärfe sowie ein wenig Knusprigkeit durch die Beine und das Exoskelett.
Vorkommen: Quer durch Südamerika.
Lebensraum: Regenwald. Sie sind leicht an den Lichtungen zu finden, die sie rund um den Duroia hirsuta-Baum anlegen.

Risiken: Keine bekannt.
Zubereitung: Ein paar in die Hand nehmen und roh mampfen.

Großlibellen

Ordnung Odonata
Unterordnung Anisoptera

Diese eleganten Raubinsekten haben große Doppelflügel, die ihnen eine außergewöhnliche Flugfähigkeit verleihen. Sie kombinieren eine flinke Beweglichkeit mit einer Fluggeschwindigkeit von 4,5 m/Sekunde und einer Höchstgeschwindigkeit von 10-15 m/Sekunde. Sie ähneln den Kleinlibellen, sind aber bessere Flieger und halten ihre Flügel im Ruhezustand senkrecht zum Körper, während die Kleinlibelle ihre Flügel parallel zum Körper bewegt. Am auffälligsten sind die Facettenaugen der Libellen mit bis zu 24.000 kugelförmig angeordneten Ommatidien (kleine linsenartige Knäuel mit Photorezeptoren), die ihnen eine Sicht von nahezu 360 Grad ermöglichen. Ihr Sehvermögen ist für sie von enormer Bedeutung; schätzungsweise 80 % ihres Gehirns sind für die Verarbeitung visueller Informationen zuständig. Sie haben sogar spezielle bürstenähnliche Werkzeuge an ihren Beinen, um ihre Augen zu reinigen. Die Großlibelle verbringt die meiste Zeit ihres Lebens als Nymphe und meist nur wenige Tage in ihrer schönen Erwachsenenform.

Geschmack: Ihre spindeldürre Form bietet ein gutes Verhältnis von Oberfläche zu Volumen, was bedeutet, dass sie beim Braten dank der Maillard-Reaktion viele herzhafte Aromen entwickeln. Sie sind also fleischig und knusprig und schmecken gelegentlich muffig (wie viele Insekten). Wenn das Innere noch weich ist, kann man sich ein bisschen wie beim Essen von Weichschalenkrabben fühlen. Aber nur ein bisschen.
Vorkommen: Weltweit. Da ihre Lebensräume in den Feuchtgebieten mancherorts verkleinert oder zerstört werden, gelten sie als gefährdet und sie sind nur noch selten zu sehen.

Lebensraum: Feuchtgebiete, in der Nähe von Süßwasser und Teichen, obwohl sie starke Flieger sind und auf der Suche nach Nahrung weit reisen können. Sie lassen sich mit einem Stock fangen, der mit klebrigem Saft bestrichen ist.
Risiken: Keine bekannt.
Zubereitung: Waschen, abtrocknen, in Mehl wenden und in sehr heißem Öl (Kokosnussöl, wenn vorhanden) braten. Gut würzen, Koriander darüber streuen und mit kleinen Schälchen Sojasauce servieren. Manchmal werden sie auch auf Holzstäbchen oder Zweigen gegrillt.

Weißer Junikäfer

Platycoelia lutescens

Der weiße Junikäfer ist in Ecuador als catzos blancos oder catzos con tostado bekannt, wo er als Teil der kulinarischen Tradition der Region Quito geschätzt wird. Zwischen Oktober und November stehen die Catzos-Sammler um 5 Uhr morgens auf, um die Käfer zu fangen, wenn sie zur Paarung auftauchen, und pflücken sie vom Boden, bevor sie sie direkt auf den Markt bringen, um sie zu verkaufen (oder nach Hause zu bringen, um sie zu essen). Bei der Zubereitung werden traditionell die Flügel entfernt - die Körper werden dann in Schweinefett frittiert und mit Tostadas, einem gerösteten Maissnack, gegessen. Sie haben etwa einen Monat lang Saison und erzielen daher auf dem Markt einen hohen Preis. Die Flügeldecken der Käfer wurden von den Inkafrauen als Schmuck verwendet, und ihr Vorhandensein kündigte den Beginn der Pflanzsaison an; waren die Käfer knapp, galt dies als schlechtes Omen für die diesjährige Ernte.

Geschmack: Das Erlebnis ist hauptsächlich texturell - sehr fettig, knusprig und nussig.
Vorkommen: Ecuador.
Lebensraum: Sie leben normalerweise unterirdisch unter Wiesen, bevor sie bei den ersten Regenfällen als Erwachsene auftauchen.

Risiken: Bei richtiger Zubereitung keine.
Zubereitung: Die Käfer einen Tag lang in Mehl einweichen, dann abtropfen lassen und in eine Schüssel mit Wasser legen. Vor dem Braten in Fett – traditionell Schweinefett, aber auch Öl oder Butter eignen sich hervorragend – die Flügel und Beine entfernen.

Catzos blancos

Zutaten:
So viele Junikäfer, wie Sie sammeln können
150 g feines Weißmehl
300 g Schmalz zum Braten
Maiskolben oder gerösteter Mais

Zubereitung:

- Legen Sie zunächst Ihre lebenden Käfer in eine große Schüssel und bestreuen Sie sie mit Mehl. Über Nacht stehen lassen und am Morgen die Flügel und Beine entfernen.
- Einige Stunden lang in kaltem Salzwasser einweichen, dann herausnehmen und trocknen lassen.
- Das Schmalz erhitzen, bis es brutzelt.
- Die Käfer schubweise goldgelb und knusprig braten und frisch mit gegrillten Maiskolben oder geröstetem Mais servieren.

Tarantel

Auf der ganzen Welt gibt es viele Arten von Taranteln, die sich zum Essen eignen, vor allem solche aus der Familie der Theraphosidae[30]. Dabei handelt es sich um haarige Spinnentiere und nicht um Insekten, aber sie sind so faszinierend, dass sie einfach dazugehören! Trotz ihres furchteinflößenden Rufs eignen sie sich hervorragend zum Verzehr, und viele von ihnen sind für den Menschen nicht gefährlich. Sie jagen aus dem Hinterhalt und fressen in der Regel Insekten und andere Spinnen, obwohl die größten Exemplare auch Mäuse, Eidechsen und kleinere Schlangen töten können. Man findet sie in ganz Südamerika, den USA, Asien, Australien und Südeuropa. Ihre Höhlen verlaufen nicht in geraden Linien, so dass es ohne fachkundige Anleitung sowohl beängstigend als auch unklug ist, Vogelspinnen zu fangen. Man muss in die Höhle hineingreifen und mit der Hand prüfen, in welche Richtung das Loch führt, bevor man in diese Richtung gräbt und erneut prüft. Schließlich stößt man auf die Vogelspinne, die man fangen kann, indem man mit einem Zweig auf ihren Rücken drückt, damit sie nicht entkommt. Wenn Sie sich genug gefreut haben, um wieder kontrolliert agieren zu können, heben Sie sie mit einem festen Druck auf beide Seiten der "Taille" auf und achten Sie darauf, dass die Reißzähne, die an der Unterseite hängen, außer Reichweite sind. Töten Sie die Tiere, indem Sie sie kräftig auf den Rücken drücken oder in einen Eimer mit Wasser tauchen. Wenn man sie in Reisschnaps einlegt, wird ihnen eine starke aphrodisierende Wirkung nachgesagt, obwohl dies wahrscheinlich eher auf den Alkohol und den erregenden Nervenkitzel zurückzuführen ist als auf das, was die Spinne zu bieten hat.

Geschmack: Reichhaltiges, süßes, krabbenähnliches Fleisch – beim Anbraten entwickeln sie einen Geschmack nach gegrillten Meeresfrüchten, ähnlich dem der Languste. Der Bauch ist cremig und weich, die Beine ähneln einer Weichschalenkrabbe.

---

[30] Familie der Vogelspinnen (Anm. d. Übers.)

Lebensraum: Man findet sie in vielen verschiedenen Umgebungen, einschließlich Bäumen, Wäldern und trockenen Reisfeldern, und sie lauert oft in kleinen Löchern, die in ihrer Größe einem offenen menschlichen Mund beunruhigend ähnlich sind.
Risiken: Sie sind giftig; ein Biss kann eine sehr unangenehme Schwellung und, wenn man dafür anfällig ist, einen anaphylaktischen Schock verursachen. Das Gift wird durch Kochen neutralisiert.
Zubereitung: Waschen, trocknen, salzen, dann über Holzkohle grillen und im Ganzen essen.

Gegrillte Vogelspinne

Zutaten:
1 frische Vogelspinne
Salz
Schale Reis, zubereitet nach Packungsanweisung
Chiliflocken
Frische Limette, geviertelt

Zubereitung:

- Waschen und trocknen Sie Ihre Vogelspinne.
- Mit Salz bestreuen.
- Über einem Grill oder offenem Feuer 4-6 Minuten grillen, dabei häufig wenden, bis sie knusprig ist.
- Die Vogelspinne auf eine Schüssel mit Reis legen, mit Chiliflocken bestreuen, mit Limette beträufeln und servieren.

Nordamerika

Vor zehn Jahren war die häufigste Reaktion auf die Erwähnung der Entomophagie in den USA nervöses Gelächter. Heute jedoch gibt es eine neue Generation umweltbewusster Feinschmecker und abenteuerlustiger Esser, die bereit sind, eher zu probieren als zu lachen; Unternehmen experimentieren mit proteinreichem Insektenpulver zur Anreicherung von Lebensmitteln, insbesondere von Proteinriegeln; und speziell angelegte Insektenfarmen tauchen immer häufiger in den Nachrichten auf. Natürlich hat Nordamerika eine Vorgeschichte in diesem Bereich, denn es gibt historische Berichte über den Verzehr vieler Insekten durch die amerikanischen Ureinwohner. Forschungen im Great Basin haben ergeben, dass Insekten früher eine wichtige Nahrungsquelle waren, insbesondere Salzfliegen, Grillen, Heuschrecken, Raupen und Ameisen. Und auch in den Nachbarstaaten der USA gibt es spannende Dinge zu entdecken. Im Süden hat Mexiko eine reiche, uralte Kultur des Insektenverzehrs und produziert riesige Mengen köstlicher Chapulines (eine meiner absoluten Lieblingsspeisen); und im Norden blickt das kanadische Unternehmen C-fu Foods mit einigen lecker aussehenden "nachhaltigen Pastasaucen" in die Zukunft: Grillen und Mehlwurm Bolognese.

Die Top 5 der seltsamsten zulässigen Kontaminationen mit Insekten in den USA

Ich liebe die USFDA (US Food and Drug Administration). Sie hat sich mit ernster Miene und in förmlichem Ton mit dem auseinandergesetzt, was nur wenige Länder wagen: die Unvermeidbarkeit der Vermischung von Insekten und Insektenteilen mit landwirtschaftlichen Erzeugnissen. Und sie hat sie mit Zahlen belegt! Ein Segen. Auf dieser praktischen Liste können Sie diejenigen abhaken, die Sie bereits gegessen haben:

- ☐ 1. Zuckermais in Dosen. 12 mm (in der Länge) Baumwollkapselbohrer oder Maiszünsler pro 11 kg Zuckermais.
- ☐ 2. Zitrusfruchtsaft in Dosen. Fünf oder mehr Fliegeneier pro 250 ml (oder eine oder mehr Maden pro 250 ml).
- ☐ 3. Gefrorener Brokkoli. Durchschnittlich 60+ Blattläuse/Thripse/Milben pro 100g.
- ☐ 4. Hopfen. 2.500 Blattläuse pro 10 g Hopfen.
- ☐ 5. Gemahlener Thymian. 925 oder mehr Insektenteile pro 10 g.

Maguey-Wurm

Aegiale hesperiaris und Hypopta agavis

Vielleicht haben Sie schon einmal den Maguey-Wurm[31] auf dem Boden einer Mezcal-Flasche gesehen (sie sind auch als Agaven-Würmer bekannt) und sich gefragt, ob das nur eine Spielerei ist. Nun, in Mexiko ist es ein bisschen mehr als das. Und eigentlich sind es keine Würmer und es gibt zwei Arten: rote (Raupen der Hypopta agavis) und weiße (Raupen des Aegiale hesperiaris). Beide befallen zum Leidwesen der Landwirte die riesigen Agavenpflanzen, die zur Herstellung von Spirituosen angebaut werden. Ihre Eltern legen ihre Eier im Inneren der Blätter ab, und wenn sie schlüpfen, ernähren sie sich von dem süßen Fruchtfleisch an der Basis der Pflanze. Es gibt noch einen dritten Wurm, den Agavenrüssler, der manchmal in Schnapsflaschen steckt. Sie alle sind eine echte Plage für die Bauern, die bis zu einem Drittel ihrer Ernte durch sie verlieren können. Ihr Verzehr ist ein kleiner, aber bedeutender Racheakt, und die Würmer werden manchmal wegen ihres Geschmacks in Mezcal-Flaschen gesteckt.

Geschmack: Auf den Märkten rund um Oaxaca werden sie vorgekocht und an langen Schnüren aufgespießt verkauft, aber manchmal findet man auch eine Prise davon, die zu Pulver gemahlen und zusammen mit einem kalten Mezcal-Bier gereicht wird. Die Idee ist, eine Limettenscheibe in das Pulver zu tauchen und sie dann zu lutschen, um einen salzig-sauren Umami-Geschmack zu bekommen. Einzeln werden sie in der Regel gebraten oder mit Chili gedünstet und bieten eine ganze Welt von umami, salzigen sowie fleischigen Aromen.
Vorkommen: Mexiko – vor allem in der Mitte und im Süden, aber auf den Märkten der meisten Städte zu finden.
Lebensraum: An der Basis von Agavenpflanzen. Schneiden Sie die Pflanze vorsichtig ab (sie haben ziemlich bösartige Stacheln), und Sie werden unweigerlich einige Maguey-Würmer darin finden.
Risiken: Keine bekannt.

---

[31] Es handelt sich um eine Schmetterlingsraupe aus der Familie der Holzbohrer (Anm. d. Übers).

Zubereitung: Wenn Sie sie frisch finden, waschen Sie sie und braten Sie sie mit Chili und Salz. Hervorragend zu einem Ei und Kaktusfladen – als Zutat wirken sie wie kleine Speckstückchen.

Ahuauhtli

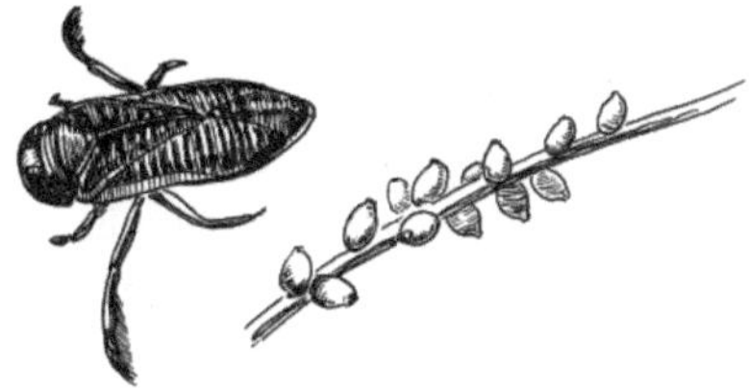

Auch bekannt als axayacatl
Eier verschiedener Arten von aquatischen Hempitera

Diese teuren kleinen Eier, die als mexikanische Version des Kaviars (wie auch die *Escamoles*) bekannt sind, haben eine lange und erhabene Geschichte als Nahrungsmittel, das von Montezuma und auch von den spanischen Eroberern genossen wurde. Der Historiker Sahagún beschrieb 1557, wie spezielle Läufer eingesetzt wurden, um die frischen Eier aus Texcoco (25 Kilometer nordöstlich von Mexiko-Stadt) rechtzeitig zum Frühstück auf den Tisch des Herrschers zu bringen. Die Eier waren als *aguaucle* bekannt, was "Samen des Wassers" bedeutet. Sie werden von verschiedenen Wasserinsekten aus der Ordnung der *Hemiptera*, der "echten Wanzen", auf Pflanzen in Seen oder stehenden Gewässern abgelegt. Es handelt sich um winzig kleine Eier mit einem Durchmesser von 0,5-1 mm – so groß wie große Sandkörner –, die oft getrocknet auf Märkten verkauft werden. Sie werden von Sammlern semikultiviert, die schwimmende Zweigbüschel als Eiablageplätze verankern.

Geschmack: Knusprig und leicht salzig. Man könnte sagen, dass sie wie Kaviar schmecken, aber das ist verdammt weit hergeholt!
Vorkommen: Mexiko.
Lebensraum: In Seen und zwischen Schilf, aber auch auf dem Wasser schwimmend.
Risiken: Keine bekannt.
Zubereitung: Mit Ei und gehacktem Kaktus mischen und kleine Burger zum Braten formen.

Makauko

Stenodontes damicornis Familie Cerambycidae

Wie der Name schon sagt (im englischen „cotton worm“ (Anm. d. Übers.), lebt er in Baumwollbäumen. Es handelt sich dabei um das plumpe Larvenstadium des Bockkäfers *Stenodontes damicornis*. Die in Jamaika als Maucoco oder Cusi bekannte Larve wurde in der Vergangenheit häufig in Suppen und Eintöpfen sowie über dem Feuer gebraten gegessen und ist reif für eine kulinarische Wiederauferstehung. Es gibt verschiedene Rezepte, von denen einige bis ins 18. Jahrhundert zurückreichen; allgemeiner Konsens ist, dass die Kreaturen am besten in Paniermehl gewälzt und mit einigen Gewürzen bestreut schmecken. Sie sind groß (8 cm lang), und während der Zeit der Sklaverei, in der sie als Delikatesse galten, überließen manche Plantagenbesitzer einer Person die alleinige Verantwortung für die Ernte der Würmer von den Bäumen.

Geschmack: Reichhaltig, wie Knochenmark.
Vorkommen: Jamaika.
Lebensraum: Sie leben in Pflaumen- und Baumwollbäumen und arbeiten sich durch das Holz.
Risiken: Bei ordnungsgemäßer Reinigung keine.
Zubereitung: In Muskatnuss, Salz und Paniermehl wälzen und aufspießen und rösten.

Zikaden

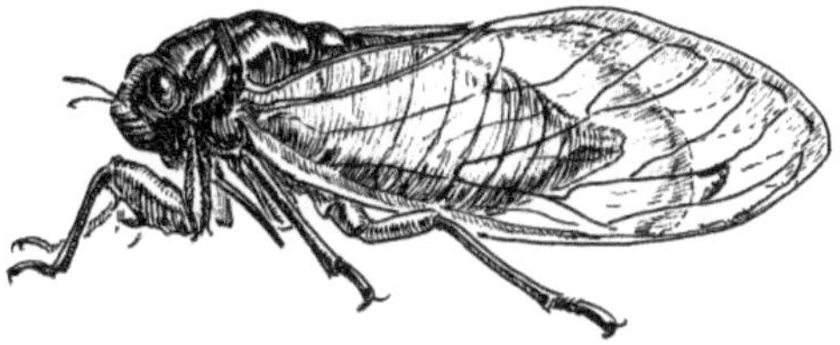

Ordnung Hemiptera
Überfamilie Cicadoidea

Für ein Insekt, das als Synonym für lange Sommertage gilt, ist die Zikade überraschend hässlich: Sie hat weit auseinander stehende, knollige Augen, große, plumpe und zerbrechlich wirkende Flügel, einen bauchigen Hinterleib sowie dürre Fühler und Beine. Und doch machen sie ein herrliches Getöse. Im Gegensatz zu Grillen und Heuschrecken, die ihren Gesang erzeugen, indem sie kammartige Zacken auf ihren Flügeln aneinander reiben, kontrahieren und entspannen Zikaden innere Muskeln, die Membranen in ihrem Hinterleib vibrieren lassen, die Tymbal (Trommelorgan (Anm. d. Übers.) genannt werden. Man nimmt an, dass die außergewöhnliche Lautstärke der Zikaden auf die vergrößerten Kammern in ihrem Körper zurückzuführen ist, die den Ton zum Klingen bringen.
Sie sind in ganz Nordamerika verbreitet und in Malawi bereits eine hoch geschätzte Nahrungsquelle. Dort werden sie mit Hilfe von Schilf oder Gräsern gesammelt, die mit klebrigen Substanzen bedeckt werden, an denen die Flügel der Zikaden kleben bleiben. Nordamerikaner sollten dies ebenfalls tun - sowohl die Zikaden-Nymphe als auch die ausgewachsene Zikade können gegessen werden

Geschmack: Wie viele ähnliche Insekten werden auch diese in der Regel frittiert, wodurch sie den Geschmack des Öls annehmen, in dem sie gebraten wurden. Dazu kommt eine leichte Nussigkeit und der Grundgeschmack von gebratenem Eiweiß - ähnlich wie bei Hähnchen.
Vorkommen: Weltweit verbreitet, vor allem in tropischen Regionen, darunter 170 Arten nördlich von Mexiko und eine (wegen ihrer extremen Seltenheit am besten nicht zu verspeisende Art) im Vereinigten Königreich.

Lebensraum: Viele verschiedene Arten von Lebensräumen - Bäume, tropische Feuchtgebiete, Wüsten, ländliche und städtische Gebiete. Je heißer das Land, desto zahlreicher sind sie.
Risiken: Keine bekannt
Zubereitung: Waschen und frittieren.

Zikaden-Florentiner

Zutaten:
50 g Butter
50 g brauner Zucker
50 g Zuckerrübensirup
50 g einfaches Mehl
6 Zikaden, blanchiert, Flügel und Beine entfernt, der Länge nach halbiert
100 g Schokolade (Zartbitter- oder Vollmilchschokolade)
30 g Pekannüsse, zerkleinert
50 g kandierte Zitronen

Zubereitung:

- Butter, Zucker und Sirup in einem Gefäß erhitzen, bis sich der Zucker aufgelöst hat und die Butter geschmolzen ist.
- Das Mehl hinzufügen und gründlich umrühren, dann alle anderen Zutaten (außer Schokolade) hinzugeben.
- Pro Florentiner einen Teelöffel der Mischung auf ein mit Backpapier ausgelegtes Backblech geben, wobei darauf zu achten ist, dass sie sich beim Backen gut ausbreiten können.
- 8-10 Minuten bei 180°C (350°F) backen, bis sie goldbraun sind, dann herausnehmen und abkühlen und aushärten lassen. Wenn sie hart genug sind, um sie zu bewegen, auf ein Drahtgitter legen und weiter abkühlen lassen.
- Die Schokolade in einem Wasserbad schmelzen und über die Florentiner streichen.

Coloradia

Coloradia Pandora

Die Larven der Coloradia werden von den Paiute-Indianern in Kalifornien gegessen, die sie Piagi nennen. Sie verbringen ihr erstes Jahr hoch oben in den Ästen der Bäume und fressen Kiefernnadeln. Die Sammler dieser Delikatesse können anhand der zahlreichen verräterischen Kotspuren am Fuß des Baumes erkennen, wo sich die Raupen aufhalten.
Nach der Ernte legen die Paiute die Larven in Gräben, bevor sie sie mit heißem Sand bedecken und rösten, bis die Haare und Beine abfallen. Danach werden sie getrocknet und können in Salz für ein Jahr oder länger gelagert werden. Wenn sie verzehrfertig sind, werden die getrockneten Würmer in Wasser rehydriert, dann gekocht und pur gegessen, und die Kochflüssigkeit wird als Grundlage für eine Suppe verwendet.

Geschmack: Keine große Menge an Aroma, aber der herzhafte Eiweißgeschmack kann ziemlich stark sein. **Vorkommen:** Kalifornien.
Lebensraum: Die Raupen verbringen ihr erstes Jahr in den Zweigen der Jeffrey-Kiefer, bevor sie sich am Waldboden verpuppen - zu diesem Zeitpunkt werden sie geerntet.
Risiken: Keine, wenn sie richtig gereinigt und gekocht werden.
Zubereitung: Etwa dreißig Minuten in heißem Sand rösten.

Marmorierte Baumwanze

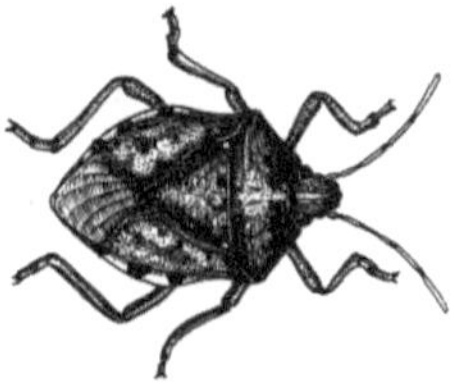

Halyomorpha halys

Die Stinkwanze[32], die in Mexiko, China, Südostasien und im südlichen Afrika regelmäßig gegessen wird, wurde unbeabsichtigt in die USA eingeschleppt (1998 wurde sie dort zum ersten Mal gesichtet), und hat sich zu einem ernsthaften landwirtschaftlichen Schädling entwickelt, vor allem in Obstgärten. Es ist also an der Zeit, sich an ihnen zu rächen, indem wir sie aufessen. Diese kleinen Kerlchen sind nur 17 mm lang und ihre Duftdrüsen befinden sich auf der Unterseite. Der Geruch, den sie als Abwehrmechanismus erzeugen, ist seltsam krautig und würzig - ähnlich wie Koriander (mit dem sie einige flüchtige Aromastoffe gemeinsam haben), was nicht unbedingt schlecht klingt, aber wenn man seinen Geruch im Haus hat, kann er stundenlang anhalten.

Geschmack: Knusprig und knackig und je nach Zubereitungsart leicht fruchtig im Geschmack. In Afrika und Asien werden sie roh gegessen, aber das kann zu einem tauben Mund führen. Wenn die "stinkenden" Säfte nicht entfernt werden (siehe unten), haben sie einen bitteren Geschmack.
Vorkommen: In vielen Ländern zu finden, darunter die USA, Japan, Taiwan und China, und wird vor allem in Indonesien gegessen.
Lebensraum: Als Schädling an Äpfeln, Bohnen, Maulbeeren, Feigen und vielen Zierpflanzen zu finden. Die Ernte ist im Allgemeinen an kälteren Tagen einfacher, da die Wanzen (wie die meisten Insekten) bei kälterem Wetter unbeweglicher sind.
Risiken: Die Abwehrsekrete der Stinkwanzen können bei manchen Menschen allergische Reaktionen hervorrufen, die zu Schnupfen, Bindehautentzündung und gelegentlich Dermatitis führen.
Zubereitung: Weichen Sie Ihre Stinkwanzen zunächst in warmem Wasser ein - das regt sie dazu an, ihre Sekrete abzugeben. Das Einweichwasser wird

[32] Stinkwanze ist die eher umgangssprachliche Bezeichnung der marmorierten Baumwanze (Anm. d. Übers.).

manchmal als Pestizid gegen Termiten verwendet. Verwenden Sie kein kochendes Wasser, da dies die Wanzen sofort tötet, sie aber ihren bitteren Saft behalten. Braten Sie sie an oder wickeln Sie sie in Folie (oder kräftige Blätter) ein und legen Sie das Paket 15 Minuten lang direkt in ein offenes Feuer.

Escamoles

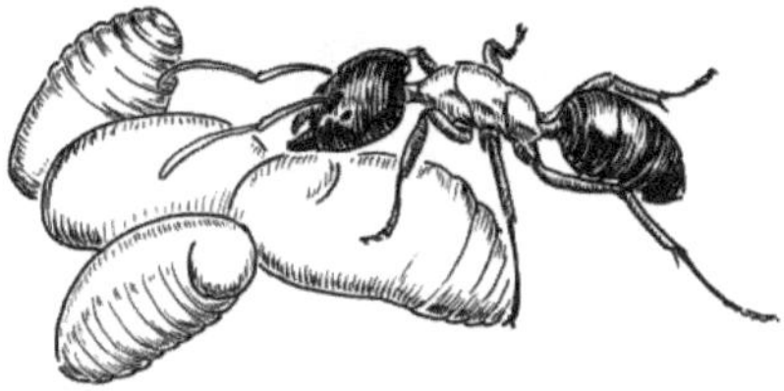

Larven und Puppen von verschiedenen Ameisenarten, darunter Liometopum apiculatum und Liometopum occidentale

Es gibt mehrere Lebensmittel, die den Spitznamen „mexikanischer Kaviar" tragen, aber die Escamoles verdienen diese Bezeichnung wohl am meisten, denn sie sind ähnlich selten, teuer und köstlich. Man findet sie auf guten Märkten, vor allem in Mexiko-Stadt, fest eingewickelt in langen zylindrischen Plastikbeuteln in Salzwasser. Sie sind die Larven und Puppen verschiedener Ameisenarten und erstaunlich groß - etwa so groß wie eine Bohne. Je nach Art werden sie entweder von Agavenpflanzen (ähnlich wie die Maguey-Würmer) oder aus unterirdischen Nestern geerntet und sind im Zuge des wiedererwachten Interesses an der traditionellen mexikanischen Küche populär geworden. Auch in den südwestlichen Bundesstaaten der USA werden sie gefunden – aber nicht gegessen –, es gibt also einen neuen Markt von neugierigen Fleischfressern, die nur darauf warten, aufgeklärt zu werden.

Geschmack: Cremig und süß, wenn sie frisch sind, zerplatzen sie mit einem weichen Knall im Mund. Wenn sie gebraten sind, haben sie eine weiche Ei- oder Käsetextur.
Vorkommen: Werden in Mexiko gegessen, kommen aber auch im Südwesten der USA vor.
Lebensraum: Die Ameisen bauen ihre Nester in verrottenden Baumstämmen, Agavenpflanzen und unter der Erde. Seien Sie vorsichtig – sie sind aggressiv!
Risiken: Keine bekannt.

Zubereitung: Waschen, dann braten oder pochieren. Mit Guacamole oder dünn geschnittenen Kaktusblättern essen, oder mit Eiern braten und auf Tacos essen.

Kurzfühlerschrecken

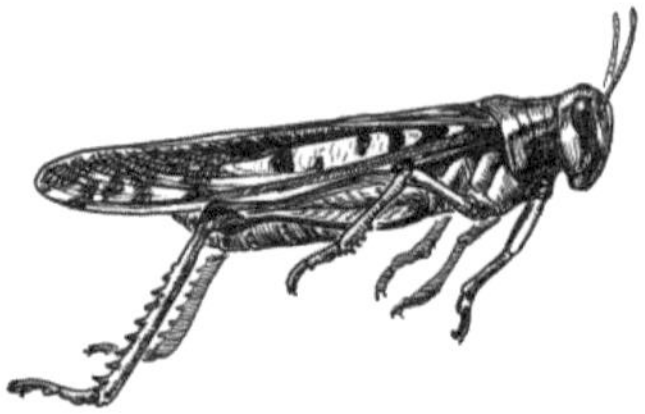

Ordnung Orthoptera, Unterordnung Caelifera

Kurzfühlerschrecken[33] sind kräftige, springende Insekten mit großen Hinterbeinen, die wie spindeldürre Hühnerflügel aussehen. Sie lassen sich hervorragend braten, und obwohl sie vor allem in Afrika und Südostasien gegessen werden, waren sie auch ein Festmahl für die amerikanischen Ureinwohner der Muwekma Ohlone. Da sie in Kalifornien reichlich als Schädlinge vorkommen, hoffe ich, die braven Bürger der USA dazu zu inspirieren, Schädlinge in Proteine zu verwandeln und sie in ihr Herz zu schließen. Oder in ihre Mägen. In Thailand findet man sie an Straßenständen, und die Kunden zahlen einen hübschen Preis, solange sie frisch gekocht werden und das Öl, in dem sie gekocht werden, nicht alt ist.

Sie sind leicht zu fangen, wenn man sich ein großes Licht an den Kopf schnallt und eine schnelle Handbewegung macht. Aber Vorsicht: Die Lampe auf dem Kopf lockt jedes fliegende Ungeheuer diese Erde an. Heuschrecken springen oft, um zu entkommen. Da sie aber nur über eine begrenzte Intelligenz zu verfügen scheinen, neigen sie dazu, einen großen Sprung zu machen und dann nicht mehr zu wissen, wohin sie als Nächstes springen sollen, so dass Sie ein paar Millisekunden Zeit haben, um zuzuschlagen.

Geschmack: Knusprig und (wenn gut zubereitet und in frischem Öl gebraten) mit einem Geruch, der an gebratenes Rindfleisch erinnert.

[33] Im Englischen „Grashopper", jedoch nicht zu verwechseln mit dem Grashüpfer (Anm. d. Übers.).

Vorkommen: Weltweit verbreitet. Wird in vielen Ländern gegessen, insbesondere in China, Thailand, Kambodscha, Mexiko und historisch in den USA.
Lebensraum: Überall, wo es Vegetation gibt, vor allem im offenen Feld.
Risiken: Keine bekannt.
Zubereitung: Einzeln frittieren und mit Sojasauce als Snack servieren oder braten und dann zu einem Pfannengericht hinzufügen.

Grillen

Ordnung Orthoptera, Familie Gryllidae[34]

Sie ähneln den Grashüpfern, sind aber im Allgemeinen kleiner und mit einer viel geringeren Sprungfähigkeit. Man könnte meinen, dass Grillen daher weniger bedeutend sind. Aber da irren Sie sich gewaltig. Grillen sind Teil einer großen Lebensmittelrevolution, da sie leicht zu züchten sind und ihre FCR (food conversion ratio; die Menge an Nahrung, die sie fressen, verglichen mit der Menge an Protein, die sie produzieren) von 1,7 viel effizienter ist als Rindfleisch, das eine FCR von 8 bis 13 hat.

Es gibt viele Unternehmen, die nicht nur ganze Grillen verwenden, sondern auch das daraus hergestellte proteinreiche Mehl, Nudeln und Proteinriegeln zusetzen. In Thailand gibt es seit einigen Jahren eine aufblühende Grillenindustrie, in der es inzwischen schätzungsweise 20.000 Farmen gibt, und diese breitet sich nach Nordamerika aus, wo mehrere Farmen beginnen, für den menschlichen Verzehr zu produzieren.

Die thailändischen Farmen sind ziemlich einfach: offene Schuppen, in denen die Grillen in großen Holzkisten mit Eierkartons leben, in denen sie sich verstecken können. Der Flächenverbrauch, der Wasserverbrauch und der Futtermitteleinsatz sind winzig im Vergleich zu der Menge an essbarem Protein, das sie produzieren. Die Landwirte haben eine faszinierende Methode, um die Grillen an der Flucht zu hindern: ein einzelner Streifen glänzendes

[34] Genaugenommen „Echte Grillen" (Anm. d. Übers.)

braunes Packband um den oberen Rand ihrer Kiste. Die Grillen klettern bis zu diesem und rutschen dann ab.

Die amerikanischen Ureinwohner Utahs fütterten hungrige weiße Siedler in strengen Wintern mit ihren "Präriekuchen", die gerne gegessen wurden. Bis die Siedler erfuhren, dass eine der Zutaten Laubhauschrecken waren. Daraufhin weigerten sie sich, noch mehr davon zu essen.

Geschmack: In getrockneter Form nussig – wie Hasel- oder Walnüsse, um genau zu sein. Wenn sie zusammen mit Pandanblättern frittiert werden, ergeben sie einen kräftigen, öligen, fleischigen Eiweißbrocken, so als hätte man eine Scheibe Rindfleisch frittiert.
Vorkommen: Weltweit verbreitet und in vielen Ländern gezüchtet, u. a. in den USA, Kanada, Europa und in Südostasien.
Lebensraum: Felder, zwischen vielen Kulturen, darunter Reis, Mais und Getreide.
Risiken: Keine bekannt.
Zubereitung: Waschen, dann frittieren. Hervorragend auch als Eiweißkomponente in Salaten und Pfannengerichten.

Mais-Grillen-Muffins

Zutaten:
100 g Polenta
100 g Grillenmehl
100 g selbsttreibendes Mehl
3 Teelöffel Backpulver
1 Teelöffel Salz
4 Esslöffel Zucker
450ml Buttermilch
2 Eier
Ein Stück Butter

Zubereitung:

- Die trockenen Zutaten in einer Schüssel mischen, die feuchten in einer anderen und vermengen.
- Ein Muffinblech einfetten und den Teig einfüllen, dabei oben etwas Platz lassen, damit sie aufgehen können.
- Bei 180°C (350°F) 15 Minuten backen oder bis die Muffins die Stäbchenprobe bestehen.

Chapulines

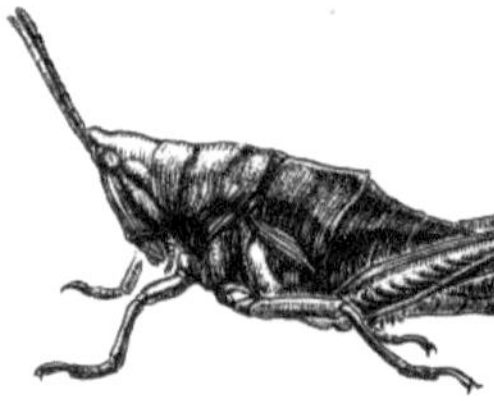

Gattung Sphenarium

Diese Heuschrecken sind eine äußerst beliebte mexikanische Delikatesse und gehören neben geräucherten Enteninnereien, Maguey-Würmern und Wanzeneiern zu den traditionellen Lebensmitteln, die in Mexiko-Stadt und darüber hinaus ein Revival erleben. Sie gehören auch zu meinen fünf beliebtesten entomophagen Leckerbissen und werden besonders in Oaxaca geschätzt, wo sie in verschiedenen Sorten aufgetürmt in Weidenkörben verkauft werden. Sie färben sich tiefrot, wenn sie gekocht werden (ähnlich wie Hummer), und werden meist als Snack und nicht als Zutat gegessen, obwohl sie manchmal in Tacos verwendet werden. Nach dem Waschen werden sie auf Tonerde mit Chili, Limettensaft und Salz gebraten (obwohl sie auch mit Knoblauch- und Zitronen hervorragend schmecken). Sie werden oft verkauft, nachdem die großen hinteren Sprungbeine entfernt wurden (sie haben kleine Widerhaken, die eine Erstickungsgefahr darstellen, da sie im hinteren Teil der Kehle stecken bleiben können). Bei den teuersten Varianten handelt es sich um ganze Tiere mit intaktem Bauch und Kopf, während die billigeren Varianten oft aus Beinteilen oder Reststücken bestehen. Chapulines gehören zu den wenigen Insekten, die sich trocken und konserviert gut essen lassen. Bei mir zu Hause stehen sie seit vielen Jahren auf der Speisekarte, und auch in einer zukunftsorientierten britischen mexikanischen Restaurantkette namens Wahaca.

Geschmack: Eine fabelhafte, köstliche, säuerlich-salzige Note, kombiniert mit einem Hauch von Chili und einer ausgezeichneten, proteinreichen Abrundung. Sie sind ein wahrhaft fantastisches Lebensmittel und reif für die Vermarktung an Kneipenbewohner in aller Welt.
Vorkommen: Mexiko, insbesondere um Oaxaca.
Lebensraum: Allgegenwärtig in Getreidefeldern und auf dem Lande.
Risiken: Keine bekannt.
Zubereitung: Gründlich waschen, mit Chili, Salz und Knoblauch würzen. Limette auspressen, in eine unlackierte Tonplatte legen und knusprig rösten.

Ozeanien / Japan / Pazifik

Gerade als man dachte, die berühmte Witchetty-Made sei das seltsamste und wunderbarste Nahrungsmittel Australiens, kommt die Honigtopfameise daher: ein Bonbon in Insektenform. Und dann erfährt man etwas über Lerp, den Honigtau, der von Blattläusen hinterlassen wird. Es wird deutlich, dass die australischen Ureinwohner schon seit Hunderten von Jahren die wildere Seite der Entomophagie genießen.

Auf der anderen Seite des Pazifiks, in Japan, gibt es eine ganz andere Art von *zazamushi*. Es muss eine der abenteuerlichsten Küchen der Welt sein (nur in Tokio habe ich jemals Kabeljau-Sperma, Pferde-Sashimi, Mikro-Tintenfisch, tödlichen Fugu und noch zuckenden Fisch serviert bekommen - alles am selben Tag). Was die Insekten angeht, so haben Anthropologen zwar viele historische Beweise für die japanische Entomophagie erbracht, aber heutzutage werden hauptsächlich Bienen- und Wespenlarven und geschmorte Köcherfliegenlarven angeboten (obwohl gebratene und mit Soja gewürzte Reisheuschrecken, *Oxya japonica*, auch bekannt als Inago, erhältlich sind; aber hauptsächlich als Luxusartikel). Lassen Sie sich jedoch nicht von dem geringen Umfang des japanischen Insektenessens abschrecken: Wenn die Japaner etwas kochen, dann kochen sie es exquisit. Und schließlich waren Wespenlarven und Reis ein Lieblingsgericht von Kaiser Hirohito.

Top 5 Insekten mit den höchsten Proteingehalt

Witchetty-Maden wirken auf die meisten Menschen im Westen wie ein grausamer kulinarischer Scherz. So etwas hätte Roald Dahl erfunden, wenn es sie nicht wirklich gäbe. Doch ihr Proteingehalt ist, wie bei so vielen Insekten, phänomenal und macht sie zu einem echten Ernährungswunder. So bizarr sie auch sein mögen, aber Insekten bieten auch immense Ernährungsvorteile. Wie viele der unten aufgeführten proteinreichen Arten haben Sie schon probiert?

- ❑ 1. Hautflügler (Hymenoptera). 13-77% (Ameisen, Bienen und Wespen).
- ❑ 2. Hemiptera. 45-57% (Schnabelkerfe).
- ❑ 3. Schmetterlinge (Lepidoptera). 14-68% (Schmetterlinge, Nachtfalter, einschließlich Seidenraupen).
- ❑ 4. Coleoptera. 23-66% (Käfer).
- ❑ 5. Odonata. 46-65% (Libellen).

Bogong-Falter

Agrotis infusa

Schmutzig aussehend, grau, ziemlich unscheinbar, stark mottenähnlich - auf den ersten Blick schreit der Bogong-Falter nicht gerade nach „Gaumenfreuden“. In der Tat konzentriert sich der Verzehr von Faltern auf der ganzen Welt eher auf die Larven als auf die erwachsenen Exemplare dieses Insekts, aber in der Vergangenheit waren diese Falter ein wichtiger Bestandteil der Ernährung der australischen Ureinwohner.

Sie können roh verzehrt werden; man reißt einfach die leicht flauschigen Flügel ab, steckt sie in den Mund und genießt den hohen Gehalt an Eiweiß und leckerem Fett. Die Larven sind wegen der sauberen Bisse, die sie in die Pflanzen machen, als "Cutworms" bekannt; es ist erwähnenswert, dass sie in diesem Stadium ihres Lebenszyklus anfällig für die Aufnahme von Pestiziden sind.

Die erwachsenen Falter unternehmen eine ausgedehnte Wanderung, bei der sie mit den Frühlingswinden von Queensland über die Great Dividing Range in die australischen Alpen ziehen, um der großen Sommerhitze zu entgehen. Dort überwintern sie in großen Mengen in Höhlen – bis zu 17.000 pro Meter – und klammern sich an die kalten Höhlenwände. Wenn sie im Herbst wieder auftauchen, kehren dieselben Falter in die Brutgebiete zurück, und im nächsten Frühjahr wiederholen ihre Nachkommen den Zyklus, obwohl sie die Reise nie zuvor gemacht haben – ein Kunststück, das Entomologen noch immer zu verstehen versuchen. In der Vergangenheit waren sie für bestimmte Stämme in den Bergen von großer Bedeutung, die sie in großer Zahl aus den Höhlen ernteten und Stammesversammlungen und Feste abhielten.

Geschmack: Butterig und walnussartig. Wenn man die Augen schließt und den Falter im Mund vergisst, kann man sich mit etwas Fantasie eine Ähnlichkeit mit Popcorn vorstellen.
Vorkommen: Australien.

Lebensraum: Im Winter leben sie in den Ebenen um Queensland, wandern aber in hoch gelegene Gebiete um Victoria, wenn die Temperaturen steigen.
Risiken: Aufgrund der in einigen Gebieten weit verbreiteten Pestizide und Herbizide besteht die Gefahr, dass der Verzehr großer Mengen zu einer Arsenvergiftung führen kann. Informieren Sie sich über die örtlichen Bedingungen, bevor Sie zu viele davon essen.
Zubereitung: Die Flügel entfernen, dann entweder roh essen oder braten. Früher wurden sie geerntet, indem man sie mit einem Stock von den Wänden der Höhlen abkratzte oder sie mit Rauch betäubte und auf Känguruhhäuten sammelte, wenn sie zu Boden fielen. Geröstet wurden sie zu „Mottenfleisch“[35] püriert.

Falter-Pastete

Zutaten:
Eine große Menge ausgewachsener Bogong-Falter
150 g Frischkäse
100 g Crème fraîche
Zitronensaft
Pfeffer

Zubereitung:
- Heizen Sie den Ofen auf 200 °C vor.
- Die Falter in ein Bratblech legen und braten, bis sie knusprig, aber nicht verbrannt sind. Abkühlen lassen und dann die Flügel und Köpfe abziehen (und wegwerfen).
- In einer Küchenmaschine pürieren und den Frischkäse und die Crème fraîche hinzufügen. Erneut pürieren, bis eine glatte Masse entsteht. Mit Zitronensaft, Salz und Pfeffer abschmecken.
- Verwenden Sie Ihre Mottenpastete als Aufstrich auf Toast.

---

[35] Im Englischen heißte die Insekten „Bogong Moth“ (Anm. d. Über.).

King Christmas Käfer Larven

Anoplognathus viridiaeneus

Die Larven dieses prächtigen, goldbraunen Käfers aus der Familie der Skarabäen sind bei den australischen Ureinwohnern ein beliebter Snack. Der Käfer schlüpft im Sommer, gegen Ende Dezember (daher der Teil "Christmas" in seinem Namen). Sie haben winzig kleine Widerhaken an den Beinen, und die Larven fressen gerne an Graswurzeln, was sie zum Feind der Gärtner auf den Antipoden macht, die die daraus resultierenden braunen Flecken auf ihrem schönen Rasen hassen. Zum Glück für sie, aber zum Leidwesen aller anderen, ist die Art aufgrund der Entwicklung Sydneys zu einer Großstadt auf ihrem Gebiet stark rückläufig, so dass man sie vielleicht am besten als seltene Festtagsleckerei isst. Die Unterarten der *Anoplognathus* sind ziemlich schwer zu identifizieren, es sei denn, man zählt die einzelnen Haare auf ihrem Hintern – eine Quelle unendlicher Heiterkeit für Entomologen.

Geschmack: Modrig und leicht nach Ei schmeckend.
Land: Australien.
Lebensraum: Fäulnisholz für die Larven; die Erwachsenen ernähren sich von Eukalyptusblättern.
Risiken: Keine bekannt.
Zubereitung: Kann sautiert oder über heißen Kohlen geröstet werden.

Lerp (Honigtau)

Austrochardia acacia und andere

Das Wort „Lerp“ stammt von den australischen Aborigines und bezeichnet den krustigen Belag, der von Blattläusen aus der Ordnung der Hemiptera gebildet wird und von Menschen, Vögeln und Säugetieren wegen seines köstlichen Zuckergeschmacks gesammelt wird. Hunderte von Larven verschiedener Psylloidea-Arten produzieren Lerp auf Eukalyptusbäumen in Australien. Der seltsam aussehende, kristallisierte Zuckersaft dient einigen der Larven als Schutzhülle und wird oft als Nebenprodukt ihres Blattfraßes zurückgelassen. Er trocknet in der Sonne schnell und hinterlässt einen klebrigen, kegelförmigen Zuckerhaufen – das Zitronenbrausepulver seiner Zeit. Es wird vermutet, dass Lerp in der Bibel und im Koran als „Manna“ bezeichnet wurde – eine tauähnliche Leckerei. In Nordamerika ernteten die Indianer des Great Basin saisonal Honigtau; sie schnitten Schilf in der Nähe von Flüssen ab, trockneten den klebrigen Saft, um ihn brüchig und leicht handhabbar zu machen, und schüttelten ihn dann auf Fellen aus. Sobald der Honigtau gelöst war, wurde er zu Kugeln gerollt und in Körben aufbewahrt.

Geschmack: Ein subtiler, stärkehaltiger und duftender Zuckershot.
Vorkommen: Australien, Nordamerika, Afrika und Japan.
Lebensraum: Blattläuse, die Lerp produzieren, leben auf einer Reihe von Pflanzen, scheinen sich aber auf Eukalyptusbäumen sehr wohlzufühlen. Manchmal wurden ganze Bäume gefällt, um die köstliche Substanz zu ernten.
Risiken: Keine bekannt.
Zubereitung: Verwendung als Zucker. In Victoria, Australien, wurde Lerp traditionell verdünnt, um ein zuckerhaltiges Getränk herzustellen.

Witchetty-Made

Verschiedene Larven, vor allem die der Holzbohrerlarve Endoxyla leucomochla

Dies ist der Boo Radley[36] der Entomophagie. Ihr Name (manchmal auch "witjuti" geschrieben) bezieht sich auf den *Acacia kempeana*-Strauch, von dessen Wurzeln sie sich ernährt. Die furchteinflößenden und riesigen Larven (sie werden bis zu zehn Zentimeter lang) eignen sich hervorragend zum Verzehr und sind für ihren ambrosischen Geschmack bekannt. Für die australischen Ureinwohner sind sie aus gutem Grund ein wichtiges Bush-Tucker-Essen: Sie enthalten viel Eiweiß. Außerdem gehören sie zu der kleinen Gruppe von Insekten, die gelegentlich roh verzehrt werden, auch wenn die meisten Insekten gekocht werden (sowohl aus Gründen der Lebensmittelhygiene als auch der Gastronomie). Trotz populärer Fernsehsendungen, in denen der Verzehr lebender Insekten als Herausforderung dargestellt wird, kommt dies in den großen entomophagen Kulturen nur selten vor, denn dort weiß man, dass die Anwendung von Hitze eine wunderbare Verwandlung in eiweißreiche Lebensmittel ermöglicht und auch potenzielle Krankheitserreger abtötet. Witchetty-Maden sind gebacken viel schmackhafter, aber Sie können sie auch roh essen, wenn Ihnen das lieber ist. Sie sind ein schwer erhältliches Nahrungsmittel – nicht jeder Busch ist mit ihnen befallen, und sie müssen in einer oft sehr heißen und trockenen Umgebung mühsam ausgegraben werden.

Geschmack: Im rohen Zustand fühlt sich das zauberhafte Futter fettig, feucht und weich auf der Zunge an, mit einem Hauch von Mandel. Wenn sie jedoch im Feuer gegart werden, setzt eine außergewöhnliche Chemie ein, die wundersame Aromen entwickelt: Der Geschmack erinnert an Rührei mit Huhn, mit einer nussigen Note.
Vorkommen: Australien.
Lebensraum: Sie leben tief in den Wurzeln der Akazienart Acacia kempeana (oder Witjuti) und müssen mit einer langen, dünnen Schaufel ausgegraben werden.

---

[36] Ein Charakter des Romans „To Kill a Mockingbird" (Wer die Nachtigall stört), den die Kinder fürchten, obwohl sie ihn noch nie gesehen haben (Anm. d. Übers.).

Risiken: Keine bekannt.
Zubereitung: Nach Belieben roh essen oder einfach ein paar Minuten ins Feuer werfen, dann herausholen, die verkohlten Stellen abkratzen und essen.

Witchetty-Maden-Kebab

Zutaten:
10 Witchetty-Maden
1 rote Zwiebel (in Achtel geschnitten)
1 Aubergine in Würfel geschnitten
1 Zitrone

Zubereitung:

- Spießen Sie die Larven mit roten Zwiebeln und der Auberginestücken auf und beträufeln Sie sie mit Zitronensaft.
- über einem heißen Gasgrill oder auf einem heißen Rost garen, bis die Insekten außen knusprig sind, wie Würstchen.
- Mehr Zitrone darüber auspressen und würzen.

Honigbeutel

Bienenstock der stachellosen Bienen vom Stamm der Meliponini

Diese traditionelle Nahrungsquelle der australischen Aborigines ist eigentlich der Bienenstock (oder „Honigbeutel") der stachellosen einheimischen Biene. Ihre Lebensräume gehen aufgrund der Ausbreitung des Menschen zurück, daher ist es wahrscheinlich am besten, diesen Eintrag als faszinierende Abwechslung zu betrachten, aber nicht als Aufforderung zum Essen! Diese tropischen und subtropischen Bienen haben entgegen ihres Namens Stacheln, aber diese sind sehr klein und können von der Biene nicht benutzt werden, um sich selbst oder ihren Stock zu verteidigen. Stattdessen können sie beißen und scheiden aus ihren Mandibeln eine unangenehme Substanz aus, die Blasen verursachen kann; In Massen werden sie ihre Kolonien mit Gewalt verteidigen. Obwohl ihre Bienenstöcke nur eine relativ geringe Menge Honig produzieren (etwa ein Kilo pro Jahr im Gegensatz zu 75 Kilo pro Jahr bei der kommerziellen Honigbiene), sind sie bei ökologisch orientierten Vorstadtgärtnern wieder im Kommen, da sie nicht stechen. Es wird angenommen, dass die australischen Ureinwohner die Bienenstöcke aufgespürt haben, indem sie eine Biene einfingen und ein sichtbares Blatt an ihr befestigten, um sie auf ihrem Rückflug zu ihrem Bienenstock zu verfolgen.

Geschmack: Süß, sauer, fruchtig und mit einer dünneren Viskosität als handelsüblicher Honig.
Vorkommen: Australien.
Lebensraum: Offene Landschaften und Bäume.
Risiken: Keine bekannt.

Honigtopfameisen

Melophorus bagoti und Arten, die zu den Gattungen Camponotus und Myrmecocystus gehören

Ist das Futterangebot hoch, so werden Arbeiterameisen abgestellt, deren einziger Zweck darin besteht, als lebende Honigtanks zu fungieren und den von ihren Artgenossen gesammelten Nektar in ihren aufgeblähten Bäuchen zu speichern. Sie können sich nicht bewegen und verbringen ihr Leben tief unter der Erde kopfüber hängend in speziell gebauten Kammern, während sie mit Blütennektar und den zuckerhaltigen Ausscheidungen von saftfressenden Schildläusen und Pflanzenläusen gefüttert werden. Wenn der Nektar gebraucht wird, streicheln die Arbeiterinnen ihre Fühler, um sie dazu zu bringen, etwas von ihrem Zuckersaft zu erbrechen. Die Ameisen sind so groß wie ein M & M, was praktisch ist.

Geschmack: Tiefsüßer, honigartiger Saft.
Vorkommen: Eine klassische Speise der australischen Ureinwohner, die aber auch in vielen anderen Ländern Nord- und Südamerikas und Afrikas zu finden ist.
Lebensraum: Unterirdische Nester, hauptsächlich in trockenen Gebieten.
Risiken: Keine bekannt.
Zubereitung: Die Ameisen waschen und den rohen Hinterleib abbeißen.

Dorngespenstschrecke

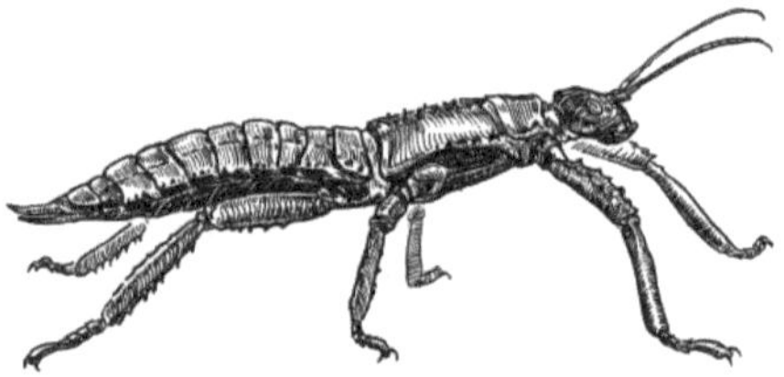

Eurycantha Calcarata

Nicht das am häufigsten gegessene Insekt, aber dennoch faszinierend: In Ozeanien werden verschiedene Arten der *Eurycantha Calcarata* gegessen. Es handelt sich um eine stark gepanzerte, klobige Gespenstschreckenart aus Papua-Neuguinea, die sich von Waldblättern wie Ficus, Brombeere und Guave ernährt. Die Männchen haben einen vergrößerten Oberschenkelknochen an jedem Hinterbein und große gebogene Stacheln. Sie nutzen diese zur Verteidigung, indem sie ihren Hinterleib in einer alarmierenden Haltung aufrichten und dann diese Stacheln auf die potenzielle Bedrohung herunterdrücken (das tut wirklich weh, denn sie sind enorm stark). Außerdem haben sie exokrine Drüsen hinter ihrem Kopf, die bei Bedrohung einen sehr starken und ziemlich unangenehmen Geruch abgeben können. Die Papua-Neuguineer sind dafür bekannt, dass sie diese Hinterbeine an der Wirbelsäule abtrennen und sie als Angelhaken verwenden. Ich betrachte diese Praxis als eine Art „Zwei-für-eins-Mahlzeit". Der Kot einer bestimmten Gespenstschreckenart, Eurycnema versifasciata, wird von den malaysischen Chinesen zu einem Heiltee verarbeitet und zur Behandlung einer Reihe von Beschwerden, von Asthma bis zu Muskelkater, verwendet.

Geschmack: Das Esserlebnis ist fast ausschließlich texturell, obwohl das Exoskelett, wenn es gut gekocht ist, einen köstlichen Geruch nach gerösteter Garnelenschale verströmen kann und das Fleisch eine subtile Blumigkeit aufweist.
Vorkommen: Australien, Papua-Neuguinea, Malaysia.
Lebensraum: Palmen- und viele andere Baumblätter.
Risiken: Keine bekannt.
Zubereitung: Am besten leicht geröstet oder frittiert.

Huhu-Larven

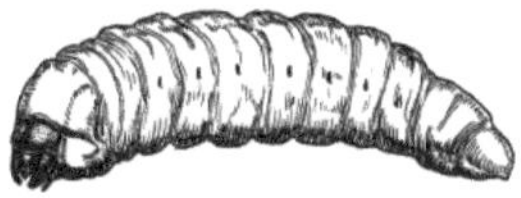

Prionoplus reticularis

Die Larve des Huhu-Käfers – einer Bockkäferart – war früher bei den Maori in Neuseeland ein beliebtes Nahrungsmittel. Die Larven tummeln sich zwei oder drei Jahre lang in verrottetem Holz und warten ab, bis sie im Hochsommer als hübsche, glänzende Käfer schlüpfen (der größte in Neuseeland ist 1,77 cm groß). Von diesem Moment an fressen sie nicht mehr und konzentrieren sich in den letzten zwei Wochen ihres Lebens auf die Fortpflanzung. Die Maori hielten sie kurz vor dem Stadium der Metamorphose für besonders lecker. Wenn sie ihr Käferstadium erreicht haben, fliegen sie gerne nachts umher. Sie gelten als ziemlich ungeschickt, da sie oft gegen Fenster und Türen krachen, nachdem sie von den Lichtern angelockt wurden. Sie sind auch als „Haarschneider" bekannt, da sie viele scharfe Haken an ihrem Exoskelett haben, die es schwierig machen, sie zu entfernen, wenn sie einem ins Haar fliegen.

Sie sind offensichtlich nicht die hübschesten Insekten und ähneln einer 7 cm langen, pummeligen Made, aber (wie viele Maden) sind sie vollgepackt mit Nährstoffen und Fett.

Geschmack: Innen klebrig mit einem leichten, umami-reichen Hähnchengeschmack, der einen holzigen Erdnussbuttergeschmack haben kann.
Vorkommen: Neuseeland.
Lebensraum: Tieflandwälder. Sie befallen gerne morsche Baumstämme.
Risiken: Keine bekannt.

Zubereitung: Die Maori haben sie früher roh gegessen, aber sie sind weniger herausfordernd und etwas schmackhafter, wenn sie sautiert werden.

Maori Huhu- und Pikopiki Salat

Zutaten:
Zehn Huhu-Larven
1 Zitrone
1 Bund Pikopiko (gesammelte neuseeländische Farnsprossen)
100 g gewürfelter Speck
100 g Waldpilze
1 Bund Kokihi (neuseeländischer Spinat)

Zubereitung:

- Die Larven über heißen Kohlen rösten, bis sie durchgegart und außen knusprig sind. Mit Zitronensaft würzen und leicht abkühlen lassen.
- Blanchieren Sie den Pikopiko wie Spargel – lassen Sie ihm einen gewissen Biss.
- Den Speck knusprig braten, dann die Pilze in das Fett geben und den Kokihi in der gleichen Pfanne anbraten. Den Pikopiko hinzufügen und sautieren, bis er leicht verwelkt ist.
- Warm mit den Huhu-Larven servieren.

Zazamushi / Köcherfliegenlarven

Ordnung Trichoptera: die aquatischen Larven der Köcherfliege. Viele Trichoptera-Arten fallen unter die Bezeichnung Zaza-mushi, insbesondere Stenopsyche griseipennis und Parastenopsyche sauteri.

Die überraschend großen Larven der Köcherfliege, zazamushi, können in Japan in speziellen Restaurants gegessen werden und werden auch in Dosen verkauft. Ihr Name setzt sich aus dem Wort für Insekten (mushi) und dem lautmalerischen Wort zaza zusammen, das mit fließenden Flüssen assoziiert wird, und bezieht sich nicht auf eine einzelne Art, sondern auf alle Larven, die sich fangen lassen und gut sind. Es muss gesagt werden, dass sie nicht zu den attraktivsten Insekten gehören (wenn man das allerdings einem Entomologen sagt, wird er sich darüber beschweren, dass die Pandas die ganze Aufmerksamkeit bekommen, während die große Mehrheit der Biomasse ignoriert wird).

Geschmack: Sie werden meist in Zucker und Sojasauce gekocht und schmecken daher nach ... Zucker und Sojasauce, aber mit einer unbestreitbar herzhaften Proteinfülle.
Vorkommen: Japan, aber überall dort, wo Köcherfliegen in großer Zahl vorkommen, sollten sie zu finden sein.
Lebensraum: Sie leben in Kies unter Steinen in fließendem Süßwasser. Suchen Sie einen Stein, positionieren Sie Ihr Netz stromabwärts davon und heben Sie den Stein an. Die Larven sollten in Ihr Netz getrieben werden.
Risiken: Keine bekannt, aber realistisch betrachtet hängt es von der Sauberkeit des Flusses ab, in dem sie gefangen wurden.
Zubereitung: In Sojasauce und Zucker dünsten.

Bardee-Made

Trictena atripalpis

Diese riesigen Larven werden manchmal als Fischköder verwendet, aber eine solche Verschwendung von Nahrungsmitteln hätte die Aborigines, die sie mit Genuss verzehrten, zweifellos entsetzt. Sie werden manchmal unter dem Sammelbegriff „Witchetty-Made“ zusammengefasst, obwohl sich diese spezielle Art von einer anderen Vegetation ernährt (Eukalyptus oder *Casaurina pauper* anstelle von *Acacia kempeana*). Die erwachsene Form der Bardee-Made ist als Regen-Nachtfalter bekannt, weil sie im regnerischen Herbst oft aus dem Boden schlüpft – und wenn sie in der Luft ist, ist sie so groß, dass man sie mit kleinen Vögeln oder Fledermäusen verwechseln kann (weibliche Schmetterlinge können eine Flügelspannweite von 16 cm haben). Um die Sache noch komplizierter zu machen, kann sich der Begriff „Bardee-Made“ auch auf die Bockkäferlarve *Barbistus cibarius* beziehen. Man kann sie aus ihrem Versteck locken, indem man sanft auf den Boden in der Nähe der Öffnung ihrer Höhle klopft – das gaukelt ihnen vor, dass der Regen begonnen hat, und so kommen sie freudig an die Oberfläche – und gefangen ist die Bardee-Made.

Geschmack: Noten von warmer Sahne und Schweinebraten.
Vorkommen: Australien.
Lebensraum: An der Basis von Eukalyptusbäumen.
Risiken: Keine.
Zubereitung: Sie werden mit einem großen Stock aus dem Boden gegraben und kurz über einem Feuer oder einem Kohlegrill geröstet. Manchmal befinden sich die Maden ziemlich tief unter der Erde. In diesem Fall können sie mit einem Draht mit Haken herausgeholt werden.

Danksagung

Auch wenn ich mich freue, alle Lorbeeren für dieses Buch zu ernten, muss ich zähneknirschend zugeben, dass ich ein klein wenig Hilfe von Dutzenden brillanter Entomologen, Anthropologen, Klimawissenschaftlern, Naturwissenschaftlern, Statistikern, Köchen und Lebensmittelautoren bekommen habe, deren aktuelle und historische Arbeiten ich konsultiert, durchforstet und geplündert habe. Besondere Erwähnung verdient die Ernährungs- und Landwirtschaftsorganisation der Vereinten Nationen für ihre Veröffentlichungen und ihren schieren Enthusiasmus sowie der verstorbene Gene DeFoliart (dessen außergewöhnliche Online-Bibliografie so etwas wie eine Einstiegsdroge in die Entomophagie darstellt).

Ein besonders großer Dank gebührt mehreren Personen: dem wunderbaren Hugh Woodward, dessen Bemühungen sich nicht nur in der Fülle der Informationen widerspiegeln, sondern auch in einigen sehr schönen Formulierungen und dafür, dass er mich bei Verstand gehalten hat, als ich eigentlich hätte durchdrehen müssen. Meine entomologische Freundin Sally-Ann Spence hielt das Buch im Zaum und auf Kurs und ließ mich mit Darwins Exemplaren in den Pitt-Rivers in Oxford herumspielen. Ein riesiges Dankeschön an die fantastische Jessica Barnfield, die dieses Buch vorgeschlagen hat und die es so gut lektoriert hat, obwohl sie Vegetarierin ist. Und ein großes Dankeschön an Candela Riveros für ihre wunderbaren Illustrationen.
Es gibt viele Menschen, die mich auf den Pfad der entomophagen Erleuchtung geführt haben, vor allem Daisy und Poppy (für den Tag, an dem sie sich die Finger leckten, sie in ein Glas mit Insekteneiern tauchten und sie als „köstlich" bezeichneten), Georgia Glynn Smith (die, seien wir ehrlich, mit der Liebe zu Insekten kämpft), Kari Lia, Nik Porter, Nipaporn "Jam" Potong, Mark Collins, Will Daws, Karen O'Connor, Richard Klein, Clare Paterson, Cassian Harrison, Janice Hadlow, Jan Croxson, Borra Garson, die verrückten Taranteljungen aus Kambodscha, Brodie Thompson und Eliza Hazlewood.

Danke an meine geliebte BBC – und die großartige britische Öffentlichkeit, die sie finanziert – dafür, dass sie so viele meiner Faszinationen und Obsessionen mit mir teilt. Und schließlich danke ich all den Ameisen, Käfern, Heuschrecken, Maden, Würmern, Spinnen, Schnecken und Myriapoden, denen ich auf dem Weg zum Schreiben dieses Buches begegnet bin. Tut mir leid, dass ich euch gegessen habe. Aber seien wir mal ehrlich, wenn ich es nicht getan hätte, hätte es jemand anderes getan.

Notizen von meinen kulinarischen Abenteuern:

Die Erde schwebt in akuter Gefahr. Unser einst lebensfreundlicher Planet ist auf dem besten Weg, zu einem sich selbst erhitzenden Treibhaus zu werden. Dieses Buch bietet eine fundierte Perspektive auf den Klimanotstand und zeigt, dass es praktisch unmöglich ist, die kritische 1,5 °C-Marke noch zu halten. Das Resultat: Der Kollaps unserer Ökosysteme lässt sich nicht mehr abwenden. Er wird unsere Gesellschaft und unsere Wirtschaft in den kommenden Jahrzehnten komplett auf den Kopf stellen. Bill McGuire, Professor für Geophysik und Klimafolgen, erklärt die wissenschaftlichen Hintergründe der Klimakrise und zeichnet ein unverblümtes, aber realistisches Bild der Welt, in der unsere Kinder alt werden. Überschwemmungen, Dürren, Konflikte – so düster das Szenario auch sein mag, wir müssen uns damit auseinandersetzen. Damit aus einer besorgniserregenden Zukunft keine katastrophale wird.

Mit einem Vorwort von *Treibhauspost.*

Deutsche Erstausgabe. Englischer Originaltitel: Hothouse Earth – An Inhabitant's Guide (Icon Books Ltd, 2022)

ISBN: 978-3-9823641-7-9
Erscheinungsdatum: 06.09.2023
Seiten: 148
Preis: 13,99 €

Weltweit verzehren schätzungsweise 2 Milliarden Menschen regelmäßig Insekten, doch im Westen werden sie nur selten gegessen. Warum ekeln sich die einen vor dem Verzehr von Insekten, während andere sie köstlich finden? Dieses Buch bietet eine umfassende Einführung in die Rolle von Insekten als Nahrungsmittel für den Menschen, angefangen bei unserer prähistorischen Vergangenheit bis hin zu aktuellen Ernährungstrends, und untersucht, wie sie eine Lösung für die derzeitige weltweite Nahrungsmittelknappheit sein könnten. Auf der Speisekarte stehen Käfer, Schmetterlinge, Heuschrecken und Larven vieler Arten, mit Geschichten über traditionelle Sammelmethoden, Zubereitung, Verzehr, Konservierung und kulinarische Verwendung von Krabbeltieren in unterschiedlichen Kulturen.

Mit einem Vorwort von *Bastian Huber (Co-Founder Protein Revolution).*

Deutsche Erstausgabe. Englischer Originaltitel: Edible Insects – A Global History (Reaktion Books Ltd, 2021)

ISBN: 978-3-9823641-3-1
Erscheinungsdatum: 07.12.2023
Seiten: 166
Preis: 13,99 €

FSC
www.fsc.org
MIX
Papier | Fördert
gute Waldnutzung
FSC® C083411

Kolibri 360 GmbH
Ferdinand-Jühlke-Straße 7
99095 Erfurt, Deutschland
produktsicherheit@kolibri360.de